树皮煤的性质及转化

王绍清　唐跃刚　Harold H. Schobert　著

科学出版社
北　京

内 容 简 介

本书系统研究树皮煤(体)的煤岩学、煤化学和煤工艺学等，并深入探讨树皮煤(体)的化学结构特征，总结树皮煤(体)的元素组成、热转化性质和化学结构特征的特性，揭示树皮煤(体)的热转化特点，指出树皮煤的合理利用途径。本书内容翔实丰富，数据全面充分，对研究特殊煤的性质及其清洁利用具有重要价值。

本书可供从事煤岩学、煤化学和煤液化等领域的广大科研工作者和研究生阅读参考。

图书在版编目(CIP)数据

树皮煤的性质及转化/王绍清，唐跃刚，(美)舒伯特·哈罗德(Harold H. Schobert)著. —北京：科学出版社，2018.3

ISBN 978-7-03-056990-5

Ⅰ.①树… Ⅱ.①王… ②唐… ③舒… Ⅲ.①煤矿-研究 Ⅳ.①TD163

中国版本图书馆 CIP 数据核字(2017)第 051633 号

责任编辑：牛宇锋 罗 娟 / 责任校对：何艳萍

责任印制：张 伟 / 封面设计：陈 敬

科学出版社 出版

北京东黄城根北街 16 号

邮政编码：100717

http://www.sciencep.com

北京教图印刷有限公司 印刷

科学出版社发行 各地新华书店经销

*

2018 年 3 月第 一 版 开本：720×1000 B5

2018 年 3 月第一次印刷 印张：10 3/4

字数：202 000

定价：80.00 元

(如有印装质量问题，我社负责调换)

前　言

目前，煤炭在我国能源结构中仍然处于主体地位，我国的经济建设仍然依赖于煤炭资源。根据成煤的原始物质和条件不同，煤一般分为腐植煤、腐泥煤和残植煤三大类。虽然我国的煤主要以腐植煤为主，但腐泥煤和残植煤因其特殊的工艺性质，如高氢含量、高挥发分和高焦油产率等，也引起关注。目前，腐泥煤和残植煤利用状况不佳，除了与传统的煤利用方式有关之外，对其特殊性质认识不足也是极为重要的因素。受生活水平提高、环境等因素的影响，人们对用煤的质量要求越来越高。因此，深度分析腐泥煤和残植煤的内在价值，包括研究价值和实用价值，为其合理利用提供建议，使其更有效地发挥特殊煤的资源潜力，具有深刻的理论意义和深远的现实意义。

树皮煤作为特殊残植煤的一种，其研究已持续了八十多年。树皮煤具有高挥发分、低水分、高硫（尤其有机硫）、高熔融性和高焦油产率等特点。树皮煤最主要的煤岩学特色是富含树皮体。树皮体是我国煤中特色的一种稳定组，有其特有的煤岩学特征。但树皮体的命名至今还没有得到国际煤岩学委员会（ICCP）的承认，因为无论从煤岩学角度还是化学性质角度，树皮体与已明确定义的稳定组显微组分之间是否存在本质区别尚不明确。因此，详细研究树皮煤（体）的物理化学性质和转化性质等具有重要的科学意义和实际意义。

基于以上现状，本书以南方树皮煤为主要研究对象，从煤岩学、有机地球化学、煤化学、煤工艺学和物理化学等多学科入手，采用光学显微镜、电子显微镜、微区分析等岩石学分析方法以及热解-气相色谱、气相色谱-质谱、傅里叶变换红外光谱分析、^{13}C 核磁共振、原子力显微镜、透射电子显微镜等现代分析测试方法，集中探讨树皮煤（体）的基本属性、物理化学特征和转化性质，分析树皮煤（体）的元素组成特性、结构特性和热转化特性等方面的性质，探讨树皮煤的液化性质，并分析树皮煤的几种利用途径。

本书的特色和取得的一些新认识主要集中在以下几个方面。

1. 研究对象是树皮煤、树皮体

本书研究对象是我国煤中具有特色的显微组分——树皮体，而煤种是特殊煤种——树皮煤。本书力求通过对树皮煤的物理、化学和工艺等方面的性质研究，探讨树皮煤的清洁利用途径。基于此，寻求研究和利用我国特殊煤的新途径。

2. 揭示了树皮煤性质

本书系统总结树皮煤的研究现状，得出树皮煤的基本属性具有四高特点，即氢含量高、H/C原子比高、挥发分产率高和硫含量高。这些特性对树皮煤的热转化性质及其利用途径有重要影响。

3. 揭示了树皮体的结构性质

树皮体最明显的化学结构特征之一是富含脂肪族，尤其是亚甲基官能团。树皮体的化学结构以低环数的芳香层为主，其中萘、2×2和3×3的芳香层为主要成分。相比于镜质体，树皮体的芳构化程度、芳环缩合程度比较弱，无序性特征明显。随着煤级的增加，树皮体的形貌特征经历从低煤级的纤维状为主的大分子结构逐渐趋于较为规则的网格状表面结构。当镜质组平均最大反射率增加到1.12%时，树皮体和镜质体具有相似的形貌特征(原子力显微镜观察结果)。这些特性为树皮体在国际煤岩学的位置提供了数据支持。

4. 揭示了树皮煤的转化性质

本书研究树皮煤受热后的物理状态和化学结构特征的变化。采用热重分析技术和基氏流动仪对树皮煤进行热重分析和流动性分析，发现树皮煤具有极强的流动性和热解剧烈等特征。研究树皮煤的液化转化性质，并探讨液化过程中的煤岩学特征和化学结构特征的变化。

5. 探讨了树皮煤的利用途径

基于树皮煤的特殊基本属性、结构特征和转化性质，合理地提出树皮煤的三种利用途径，即低温碳化、直接液化和制氢。

全书共9章。第1章介绍煤的基础理论和研究煤的现代分析测试手段、方法。第2章介绍华南二叠纪时期的地史特征。第3章介绍树皮煤的基本研究现状，包括分布、沉积环境、成因等内容。第4章介绍本书的研究思路、所用样品及其分析测试方法。第5章运用煤岩学和煤化学手段及方法，详细研究样品的岩石学特征和化学组成特征等。第6章详细研究样品的结构特征，包括物理结构特征和化学结构特征。第7章研究样品的热解特征。第8章探讨样品的工艺与转化特征，包括基氏流动度和液化性能等内容。第9章探讨树皮煤的清洁高效利用途径。

在本书撰写过程中，得到任德贻教授、金奎励教授、彭苏萍教授和代世峰教授的悉心指导，在此谨表示真挚感谢。衷心感谢王永刚教授、曾凡桂教授和凌开成教授提出的宝贵意见和建议。诚恳感谢Gareth D. Mitchell先生和艾天杰高级工程师在煤岩样品制作和显微镜操作等环节给予的帮助。衷心感谢中国矿业大学(北京)地球科学与测绘工程学院的曹代勇教授、赵峰华教授、刘钦甫教授、邵龙义教授、方家虎副教授、马施民副教授和侯慧敏高级实验师及其他老师给予的指导和帮助。真诚感谢煤炭科学研究总院北京煤化学研究所的李克健教授、李文博博士、朱晓苏博士等在煤炭液化方面给予的指导和宝贵建议。诚恳感谢美国宾夕法尼亚州立大学能源研究所的 Gareth D. Mitchell、Ronnie. Wasco、Dania Alvarez-Fanseca、Maria Sobkowiak 和 Alan Benesi 在煤岩分析、热重分析、气相色谱、热解-气相色谱/质谱、红外光谱和^{13}C 核磁共振中提供的巨大帮助。感谢榆家梁煤矿杜善周、乐平矿务局、长广矿务局以及水城矿务局的领导和朋友现场给予的大力帮助。真诚感谢吴明远博士、周强博士、秦身钧博士给予的帮助。

本书能够完成离不开国家自然科学基金面上项目“中国煤的特殊显微组分加氢液化的岩石学与地球化学特性的研究”(项目编号:40772101)、青年科学基金项目“树皮体的有机地球化学特征及热变化特性研究”(项目编号:41102097)和面上项目“树皮体的化学结构和煤岩学特性研究”(项目编号:41472132)的资助。同时,本人有幸得到国家留学基金委员会(CSC)的资助,分别于 2007 年 11 月至 2009 年 11 月和 2015 年 12 月至 2016 年 12 月赴美国的宾夕法尼亚州立大学(Pennsylvania State University)做联合培养和访问学者研究。本书的绝大部分实验是在宾夕法尼亚州立大学能源研究所、中国矿业大学(北京)的煤炭资源与安全开采国家重点实验室、山西煤炭地质研究所、清华大学摩擦学国家重点实验室和北京大学等单位完成的。对国家自然科学基金委员会和上述单位提供的大力支持和帮助表示由衷感谢。

限于作者水平和采用的实验条件,本书在此领域取得的成绩尚肤浅,不足之处在所难免,而提出的新看法有待于今后进行更深入的研究,引述他人资料和观点也会有疏漏,恳请读者提出批评。

目　录

第1章 绪 论

1.1 煤 基 础

1.1.1 煤的来源与组成

煤是一种复杂的非均质性的固体燃料[1]，主要是由高等植物在合适的场所经过漫长的地质时期而形成的，其主要的场所是植物聚集的泥炭沼泽。地质学家认为，煤的形成可以分为两个阶段：泥炭化阶段和煤化阶段。

在泥炭化阶段，成煤植物的各个组分（纤维素、木质素、树脂和蜡等）随着地质条件（氧供给、细菌活性等）的不同而发生不同的变化，经过聚合变成结构复杂的腐植酸，并伴随植物残余和矿物质沉积下来。

煤化阶段是指褐煤、亚烟煤、烟煤，直至无烟煤和变无烟煤的阶段[2]，包括成岩阶段和变质阶段，变质阶段完全是非生物的过程。煤化阶段最主要的特征是煤的物理性质和化学性质发生了很大的变化[2]。相对于泥炭化阶段，煤化阶段的变化趋向于结构简单化，煤的结构主要由芳香单元和杂环组成，随着温度和压力的升高，煤通过脱氢化作用、脱甲基化作用和脱氧化作用等反应使一些官能团消失。

通过以上两个阶段的变化，煤在化学组成、显微组成等方面有很大的变化。图 1-1 表明随煤化作用的进行，煤的化学组成（H/C 原子比和 O/C 原子比）发生变化。

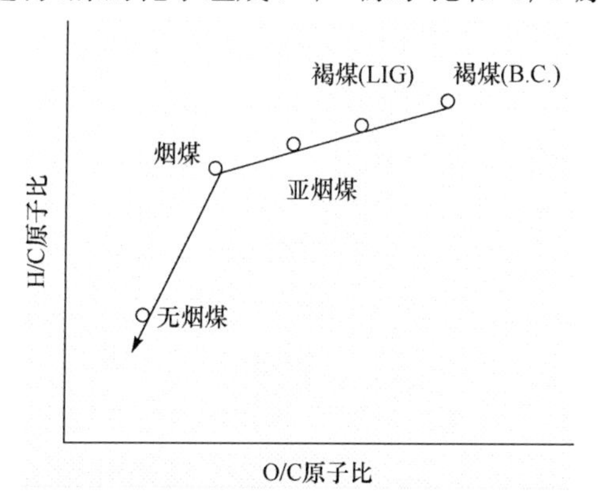

图 1-1 van Krevelen 图说明煤化过程中 H/C 原子比与 O/C 原子比变化轨迹[3]

Fig. 1-1 A van Krevelen diagram showing changes in composition with coalification

另外，煤也由无机物质组成，这些无机物质主要来源于[3]：①成煤植物；②矿物质经过搬运，沉积在沼泽中；③煤中新形成的矿物质。为便于应用，把与煤共存的无机物质统称为矿物质。煤中的矿物质主要有黏土矿物、碳酸盐矿物、硫化物矿物、硅化物矿物等，这些矿物含量占总矿物含量的95%以上。相反，煤的微量组成称为微量元素，大部分都是微克每克含量级别[4]。Swain[5]、任德贻等[6]、唐修义等[7]、代世峰教授课题组[8~17]和Hower等[18]详细介绍了煤中的微量元素，包括来源、赋存状态和含量等。

1.1.2　煤的显微组成

煤不是均一的有机沉积岩，宏观特征和组成变化多样。所以，与岩石中的矿物质定义类似，把煤的不同有机显微组成定义为显微组分。显微组分一词来源于拉丁语“macerare”(意思是软化)。显微组分首先是由Stopes[19]定义的，接下来国际煤岩学委员会(International Commission for Coal Petrology，ICCP)[20]和Spackman[21]从不同的角度对显微组分进行了定义。在显微镜下鉴定显微组分的主要依据有形态、颜色、反射率和突起等特征[2,20~25]。Stach等[2]详细介绍了显微组分的来源、物理性质和化学性质、研究方法及其应用等。随着对显微组分研究的不断深入，对其理解和应用也逐渐加强，新的镜质组分类方案[24]和惰质组分类方案[25]被公布。

虽然Stopes-Heerlen系统首先提出了显微组分的分类，但是目前广泛应用的是由国际煤岩学委员会提出的显微组分分类方案[2,20~23]。表1-1列出了国际煤岩学委员会[20~23]和新的惰质组的分类方案[25]。新的镜质组分类方案[24]在表1-2中列出。本书采用的分类方案是国际煤岩学委员会[20~23]提出的分类方案，并参考新的镜质组和惰质组分类方案。显微组分首先被分为三类显微组分组，然后各个显微组分组再进一步细分为显微组分。三类显微组分组包括镜质组(低煤级煤中称为腐植组)、稳定组和惰质组。镜质组被认为是成煤植物的木质纤维组织，经过腐植化作用和凝胶化作用而形成的显微组分组。一般而言，镜质组是煤中主要的显微组分。稳定组来源于植物的蜡质和树脂部分，如孢子、角质、树脂等。惰质组主要是由成煤植物在煤形成过程中经过火焚或者氧化等作用而形成的。通常，在给定的煤中，惰质组的反射率最高，其次是镜质组，最后是稳定组。三种显微组分组的化学组成不同，惰质组有高的碳含量和低的氢含量，稳定组有高的氢含量和低的碳含量，镜质组的碳含量和氢含量介于惰质组和稳定组之间。虽然三种显微组分在所有煤级中都存在，但三种显微组分的光学性质随着煤级的升高而趋向于一致。另外，稳定组有较强的荧光强度，富氢镜质组也呈弱荧光性。

表 1-1　国际硬煤显微组分分类方案

Table 1-1　Summary of the macerals classification of hard coals

显微组分组	显微组分	显微亚组分	显微组分
镜质组	结构镜质体	结构镜质体-1 结构镜质体-2	科达树结构镜质体 真菌结构镜质体 木质结构镜质体 鳞木结构镜质体 封印木结构镜质体
	无结构镜质体	均质镜质体 团块镜质体 胶质镜质体 基质镜质体	
	碎屑镜质体		
稳定组	孢子体		薄壁孢子体；厚壁孢子体；小孢子体；大孢子体
	角质体		
	树脂体	镜质树脂体	
	木栓质体		
	藻类体	结构藻类体；层状藻类体	皮拉藻类体；轮奇藻类体
	荧光体		
	沥青质体		
	渗出沥青质体		
	碎屑壳质体		
惰质组	半丝质体		
	丝质体		
	菌类体(Funginite)		
	分泌体(Secretinite)		
	粗粒体		
	微粒体		
	碎屑惰质体		

表 1-2 镜质组的分类

Table 1-2 Classifaction of Vitrinite

显微组分亚组	显微组分
结构镜质亚组(Telovitrinite)	结构镜质体(Telinite) 凝胶结构镜质体(Collotelinite)
碎屑镜质亚组(Detrovitrinite)	碎屑镜质体(Vitrodetrinite) 凝胶碎屑体(Collodetrinite)
凝胶镜质亚组(Gelovitrinite)	团块凝胶体(Corpogelinite) 凝胶体(Gelinite)

1.1.3 煤的分类

为服务于科学研究,或方便于煤炭应用,学者对煤进行了分类。到目前为止,大量煤炭分类已经被提出[26,27],如 Seyler 分类系统(以元素组成为指标,主要指碳和氢的值)、美国材料与试验协会分类系统(以固定碳含量和发热量为指标(无水无矿物基))(表 1-3)、英国分类系统(以挥发分(无水无矿物基)和葛-金(Gray-King)分类(以焦炭类型为指标))、国际煤炭分类(以挥发分(干燥无灰基)和发热量(无灰基)为指标)以及中国的煤炭分类(主要以挥发分(干燥无灰基)、黏结指数等为指标)(表 1-4),在这些分类中,美国材料与试验协会分类系统(ASTM D388-05) 得到广泛应用。此外,根据平均最大镜质组反射率划分的煤级可以提供辅助信息(表 1-5)。

表 1-3 美国材料与试验协会煤炭分类[a]

Table 1-3 ASTM classification of coals by rank

煤级	组	固定碳(干燥无矿物基)/%	挥发分(干燥无矿物基)/%	发热量(水分[b],无矿物基)/(Btu/lb*)	结焦性
无烟煤	变无烟煤	＞98	＜2		无结焦性
	无烟煤	92～98	2～8		
	半无烟煤[c]	86～92	8～14		
烟煤	低挥发分	78～86	14～22		一般结焦性[e]
	中挥发分	69～78	22～31		
	高挥发分 A	＜69	＞31	＞14000[d]	
	高挥发分 B			13000[d]～14000	
	高挥发分 C			11500～13000	结焦性
				10500～11500	

续表

煤级	组	固定碳（干燥无矿物基）/%	挥发分（干燥无矿物基）/%	发热量（水分[b]，无矿物基）/(Btu/lb*)	结焦性
亚烟煤	亚烟煤A			10500～11500	无结焦性
	亚烟煤B			9500～10500	
	亚烟煤C			8300～9500	
褐煤	褐煤A			6300[f]～8300	
	褐煤B			<6300	

a 此分类不适合特定煤；
b 水分是指内在水分；
c 如果结焦，划分为低挥发分烟煤中；
d 若煤含固定碳等于或者大于69%，应该根据固定碳进行分类；
e 烟煤组中有无结焦性的变化，高挥发分C烟煤组中有明显的例外；
f 编辑更正。
* 英制单位 1Btu/lb≈2.326kJ/kg。

表 1-4　中国煤炭分类简表

Table 1-4　Simplied form of Chinese coal classification

类别	分类指标					
	V_{daf}/%	G	Y/mm	b/%	P_M/%**	$Q_{gr,maf}$/(kg/MJ)***
无烟煤	≤10.0					
贫煤	>10.0～20.0	≤5				
贫瘦煤	>10.0～20.0	>5～20				
瘦煤	>10.0～20.0	>20～65				
焦煤	>20.0～28.0 >10.0～28.0	>50～65 >65*	≤25.0			
肥煤	≥10.0～37.0	(>85)*	>25.0	*		
1/3焦煤	>28.0～37.0	>65*	≤25.0	(≤220)		
气肥煤	>37.0	(>85)*	>25.0	(>220)		
气煤	>28.0～37.0 >37.0	>50～60 >65	≤25.0	(≤220)		
1/2中黏煤	>20.0～37.0	>30～50				
弱黏煤	>20.0～37.0	>5～30				
不黏煤	>20.0～37.0	≤5				

续表

类别	分类指标					
	V_{daf}/%	G	Y/mm	b/%	P_M/%**	$Q_{gr,maf}$/(kg/MJ)***
长焰煤	＞37.0	≤35			＞50	
褐煤	＞37.0				≤30	≤24
	＞37.0				＞30～50	

注：V_{daf}为干燥无灰基挥发分；G 为烟煤的黏结指数；Y 为烟煤的胶质层最大厚度；b 为烟煤的奥亚膨胀度；P_M 为煤样的透光率；$Q_{gr,maf}$为煤的恒湿无灰基高位发热量。

* 对于 G＞85 的煤，再用 Y 值或 b 值来区分肥煤、气肥煤与其他煤类。当 Y＞25.0mm 时，应划分为肥煤或气肥煤；当 Y≤25.0mm 时，根据其 V_{daf}的大小而划分为焦煤、1/3 焦煤或者气煤。按 b 值划分类别时，V_{daf}≤28.0%、b＞150%的为肥煤；V_{daf}＞28.0%、b＞22.0%的为肥煤或气肥煤；如按 b 值和 Y 值划分的类别有矛盾，以 Y 值划分的类别为准。

* * 对于 V_{daf}＞37.0%、G≤5 的煤，再以煤样的透光率 P_M 来区分其为长焰煤或褐煤。

* * * 对于 V_{daf}＞37.0%、P_M 为 30%～50%的煤，再测 $Q_{gr,maf}$，若 $Q_{gr,maf}$＞24MJ/kg(5700cal/g)，应划分为长焰煤，否则为褐煤。

表 1-5　油浸下根据镜质组反射率划定的煤级

Table 1-5　Coal rank classed determined by Vitrinite reflectance limits in oil

美国[26]		中国[28]	
煤级	最大反射率 R_{max}/%	煤级	最大反射率 R_{max}/%
无烟煤	＞3.00	无烟煤	＞2.50
半无烟煤	2.05～3.00	贫煤	2.00～2.50
低挥发分烟煤	1.50～2.05	瘦煤	1.70～2.00
中挥发分烟煤	1.10～1.50	焦煤	1.20～1.70
高挥发分烟煤 A	0.71～1.10	肥煤	0.90～1.20
高挥发分烟煤 B	0.57～0.71	气煤	0.65～0.90
高挥发分烟煤 C	0.47～0.57	长焰煤	0.50～0.65
亚烟煤	＜0.47	褐煤	＜0.50

1.1.4　特殊煤的定义和分类

对于特殊煤的定义，学者给出了诠释。韩德馨等[29]指出特殊煤是指自然界中某些煤由于其成因、性质、煤岩组成具有特殊性，或由于某些化学性质、元素富集而具有与众不同的工艺性能和用途，如焦油率高的残植煤、腐泥煤和其他富氢煤、低灰低硫的优质煤等。曾勇[30]指出特殊煤是指自然界中由于成因、物理化学性质、煤岩组成等具有特殊性，或因富集某种元素而具有与众不同的化学性质、工艺性质及用途的一些煤种。

基于学者的研究可以得出，特殊煤具有特殊的自身属性和特殊的工艺性质，因此，特殊煤是指煤中某个元素或成分(高或低)、成因和工艺性质与一般煤有所不同，其含量特高或特低，并具有一定开发规模的煤炭资源。这些特性包括灰分很低或可选性好、微量元素富集、显微组分组成特殊、焦油产率高、蜡含量高等[31]。由此可见，特殊煤可以从组成，也可以从性质等角度探讨煤的特殊性，说其特殊，意味着煤中的某种或者某些组分特殊或其含量过高，导致其性质表现出特殊性。论其特殊，就表示有别于普通，有其特殊的价值，只是已被人们认识或未被认识而已，而这与科技水平、经济发展等因素有关。特殊煤炭资源是一种宝贵资源，可充分利用其特殊性质进行有针对性的加工利用，最大限度地发挥其特殊性质的优势。

唐跃刚教授等[31]通过对全国煤炭资源的调查、整理分析，对特殊煤炭资源进行了划分。其依据为：①划分应遵循资源性、经济性与实用性(用途)；②按特殊要素进行划分大类；③要素内以其属性归类，即划分类型；④不同类型内个例划分种原则。具体分类见表1-6。其划分依据为：按特殊的成分、成因和性质划分为高元素特殊大类煤、原生成因特殊大类煤、次生成因特殊大类煤、特殊工艺大类煤；先按元素的工业价值划分为高有益元素煤和按环境属性划分为高有害元素煤两种类型，再依据某个有益(有害)元素及多个有益(有害)元素的富集划分为高锗煤、高镓煤、高铌煤、高稀土煤、高多有益元素煤和高硫煤、高汞煤、高砷煤、高硒煤、高氯煤、高磷煤、高多金属煤；按聚煤成因特殊性划分为残植煤、腐泥煤、腐植腐泥煤、高惰质组煤等，按富集成分划分为高惰质组煤、树脂残殖煤、角质残植煤、孢子残植煤、树皮残植煤、高壳质煤(如白泡煤)、藻煤、胶泥煤、烛煤、煤精等特殊煤种；按次生地质条件划分构造煤、风氧化煤、热变煤(即热水煤、接触变质煤、燃烧变质煤、构造煤等次生成因煤，甚至天然焦)；在特殊工艺性煤大类中，根据特殊成分及性质划分为单一成分煤(高腐植酸煤、高蜡煤)、双成分煤(特高挥发分特高油含量煤、高可磨性低灰煤、高活性低灰煤、特低铁低灰煤)、三成分煤(高密度煤、低灰煤、低硫无烟煤)以及多成分特殊的特质煤(多元素煤、低含量煤、低灰煤、低硫煤，甚至是超纯煤)。

表1-6 特殊煤炭资源的划分目录方案

Table 1-6 Scheme of classification of special coal type resources

大类	类型	种	特殊性
特殊高元素煤	高有益元素煤	高锗煤	Ge
		高镓煤	Ga
		高铌煤	Nb
		高稀土煤	REE
		高多有益元素煤	多元素

续表

大类	类型	种	特殊性
特殊高元素煤	高有害元素煤	高硫煤	S
		高汞煤	Hg
		高砷煤	As
		高多金属煤	金属
特殊成因煤	残植煤	残植树脂煤	树脂
		残植角质煤	角质
		残植树皮煤	供氢
		残植孢子煤	油、氢
		高稳定组煤	油、氢
	腐泥煤	藻煤	油、氢
		胶泥煤	油、氢
	腐植腐泥煤	烛煤	油、氢
		煤精	塑性
	高惰质组煤	高惰质组煤	非活性组分高
	风氧化煤	风化煤	灰分、水分增大
		氧化煤	热值降低
	热变煤	热水煤、燃烧变质煤、接触热变煤、沥青、(天然焦炭)	碳增高
特殊性质煤	单一成分煤	高腐植酸煤	腐植酸
		高含蜡褐煤	蜡
	双成分煤	特高挥发分、特高油含量煤	油、氢
		高可磨性、低灰煤	可磨性
		高活性、低灰煤	高活性
		特低铁、低灰煤	特低铁
	三成分煤	高密度、低灰、低硫无烟煤	高密度
	特质煤	特优质煤	$A_d<10\%, S_{t,d}<1.0\%$
		特特优质煤	$A_d<5.0\%, S_{t,d}<0.5\%$
		超纯煤	$A_d<2\%, S_{t,d}<0.3\%$

注:特殊煤作为煤炭资源,一定要有资源量,要符合《固体矿产资源/储量分类》(GB/T 17766—1999)、《固体矿产地质勘查规范总则》(GB/T 13908—2002)国家标准和各矿类(种)地质勘查规范行业标准。因此,对于前面特殊煤的划分目录进行资源的简化分类见表 1-7。

表 1-7 特殊煤资源类型划分简表

Table 1-7 Brief table of classification of special coal type resources

大类	类型	种	地区
特殊高元素煤	高有益元素煤	高锗/镓煤	云南、内蒙古
		高多有益元素煤	西南
	高有害元素煤	高硫煤 高汞/砷煤	西南、华北
特殊成因煤	富氢煤	残植树皮/树脂/角质/孢子煤/藻煤/烛煤	华南等
	贫氢煤	高惰质组煤/风化煤/热水煤/燃烧变质煤/接触热变煤/天然焦炭	西北、山西、青海、山东
特殊性质煤	特殊工艺煤	高腐植酸煤/高含蜡褐煤/特高挥发分、特高油含量煤	云南、山西
	特质煤	特优质煤/特特优质煤/超纯煤	云南小发路 宁夏汝萁沟

1.2 研究煤结构特征的方法

应用现代分析测试方法对煤大分子结构特征进行研究，已有大量基础。其中，被广泛运用的测试技术手段主要有固态^{13}C核磁共振、傅里叶变换红外光谱、热解-气相色谱/质谱、X射线衍射、拉曼光谱、透射电子显微镜、原子力显微镜等。

1.2.1 固态^{13}C核磁共振

固态^{13}C核磁共振(^{13}C-NMR)是一种非常有用的研究煤结构的方法。因为这项技术是在不破坏煤结构的前提下探测核自旋周围的环境，可以探测煤中主要碳的分布，包括脂肪碳和芳香碳，所以，这项技术被广泛运用于测试煤和显微组分的结构特征[32~42]。Axelson[43]和Davidson[44]综述了^{13}C核磁共振技术的发展。为解决煤和显微组分化学图谱的重叠问题，魔角自旋交叉极化(cross-polarization with magic angle spinning，CP/MAS)、双极去耦(dipolar dephasing，DD)和化学屏蔽各向异性(chemical shielding anisotropy，CSA)等手段被运用到固态^{13}C核磁共振中。交叉极化[45]和魔角自旋[46]可以单独使用，也可一起使用，都能得到固体物质的高分辨率图谱。一般地，煤的化学位移一般分为四个区域，即0～50ppm、50～110ppm、110～160ppm和160～220ppm，相对应的含碳类型为烷基碳、含氧烷基碳、芳香碳和羰基或者羧基碳。Yoshida等[36]总结了不同含碳类型的化学位移区域。运用^{13}C核磁共振技术可研究不同煤级的煤和显微组分化学结构变化特征[33,42,47]。随着煤级的增高，芳香结构中的苯酚和甲氧基官能团减少[48]。Painter等[34]运用CP/MAS ^{13}C核磁共振技术研究了19个含镜质组煤的芳碳率，结果表明，芳碳率的变化范围从0.65(质量分数为83%的C(dmmf))到0.83(质量分数为91%的C(dmmf))。Maroto-Valer等[40]用^{13}C核磁共振技术研究了澳大利亚烟煤中镜质组和半丝质体的化学变化。相比于镜质组，半丝质体有高的芳碳率。^{13}C核磁共振技术也能研究煤利用过程中的结构变化特征，如Yoshida等[36]尝试研究CP/MAS ^{13}C核磁共振结构参数与煤液化性能之间的关系。Franco等[49]运用CP/MAS ^{13}C核磁共振研究了煤在化学处理过程中其化学结构特征的变化特点。

1.2.2 傅里叶变换红外光谱

傅里叶变换红外光谱(FTIR)在研究煤和显微组分的化学结构特征时得到广泛应用[50~56]。基于FTIR，可以得到煤的官能团和碳骨架等方面的信息。煤的FTIR研究表明，煤主要由芳香核、脂肪侧链和含氧官能团组成[54,57]。结合透射技术和反射技术，显微FTIR可以研究显微组分的化学结构特征[58~63]，其优点是不需要对样品进行分离。Guo等[64]运用显微FTIR技术研究了中国南方晚二叠世煤中树皮体、镜质组、半丝质体和惰质组的化学结构特征，表明相比于镜质组，树皮体含有更高的脂肪化合物和亚甲基官能团，而镜质组中，甲基官能团占主要部分，且芳香化合物多于树皮体。利用透射显微FTIR技术研究树皮体的化学结构表明树皮体主要由长链的脂肪化合物、少量芳香化合物以及微量的含氧官能团组成[65]。Guo等[61]利用反射显微FTIR技术研究了烟煤中壳质组显微组分的化学特征，并与镜质组的特征进行了比较。FTIR技术也被大量应用于解释煤液化机理。Senftle等[66]利用FTIR技术研究得到煤液化转化率与亚甲基的强度、羟基含量有关。崔洪[67]也利用FTIR技术研究了兖州煤液化过程中有机结构的变化。

1.2.3 热解-气相色谱/质谱

热解-气相色谱/质谱(Py-GC/MS)技术能够提供煤和显微组分中化学结构组成的信息[68~76]。对于此技术，热解反应是第一步。热解是在无氧条件下的一种热行为，是把煤的大分子结构分解或者裂解成小分子物质。Py-GC/MS技术对小分子物质进行分析，从而判断有机物质的化学结构特征，如煤、显微组分和干酪根[48,70,72,74,76,77]。Song等[70]和Crelling等[74]利用此技术分别研究了煤和显微组分的结构特征。Iglesias等[76]利用此技术研究了富氢镜质组的化学结构特征，结果表明，H/C原子比高的镜质组的热解产物表现为高苯酚、低脂肪化合物的特征。

研究表明，通过Py-GC/MS技术可以判定一些特殊类型的碎片，如饱和脂肪烃类、非饱和脂肪烃类、烷基化芳香烃类、烷基化苯酚以及烷基化噻吩等[48,78]。但不同显微组分的热解产品不同。富含镜质组或者惰质组煤的热解产物主要为芳香化合物、苯酚和烷基化芳香烃类,而富含稳定组煤的热解产物则含有相当高的脂肪烃类[72,77]。相比于镜质组和惰质组,稳定组有着更高的脂肪烃产率[34,79]。富含稳定组的低煤级煤热解产物产生一系列的脂肪烃,如烷基和烯烃等[72,79]。Miller等[71]运用Py-GC/MS技术研究了褐煤和亚烟煤的热解产物特征。结果表明,虽然两种煤样品的热解产物总成分种类相似,但是其分布不等。褐煤主要以苯酚、烷基取代苯酚和二羟基苯以及少量的C_{19}～C_{31}的烷基为主,而亚烟煤的热解产物主要以苯酚、杂酚油和大量的C_{19}～C_{31}的烷基为主。

但是,每项分析技术都不能提供完整的煤结构信息。固态^{13}C核磁共振技术不能直接提供煤分子化合物及其周围环境的信息。Py-GC/MS技术不能分析煤中的全部结构信息,因为在热解过程中,煤中的小分子物质很容易被挥发掉,导致Py-GC/MS技术检测不到。正因为各个分析方法都有其本身的利弊,所以综合运用这些分析测试方法能够比较全面地了解煤的平均结构信息和分子化合物的特征。Burgess等[68]运用^{13}C核磁共振和Py-GC/MS技术研究了五种不同煤级煤的化学结构特征,并探讨了这些特征与液化反应性的关系。Iglesias等[69]利用FTIR和Py-GC/MS技术研究了富氢煤的化学结构特征,结果表明,富氢煤的化学结构主要以1-2环的芳香结构为主,含少量环数多的芳香环。Song等[70]运用^{13}C核磁共振和Py-GC/MS技术研究得到,蒙大拿亚烟煤化学结构中主要含有一些含氧官能团化合物。

1.2.4 X射线衍射

物质中晶胞的形状与大小会影响入射的X射线的衍射方向,而晶胞中原子的排列方式则会对X射线的衍射强度产生影响,因此可以根据衍射曲线的特点来分析研究物质的晶体结构特征。煤并非晶体结构,但X射线衍射(XRD)技术可以测定煤中碳原子的有序性排列,进而研究煤中碳的结构,并根据衍射曲线判定不同变质程度煤的结构特征,所以XRD技术是分析煤晶核结构非常有效的方法之一。大量学者通过XRD技术研究了煤结构特征[80～90],其优点是不需要破坏样品[91,92]。通过XRD技术,可以研究煤的一些结构参数,如层间距(interlayer spacing)、晶体大小(crystallite size)和晶片直径(crystallite diameter)等[85～92]。煤结构的晶体特征常常在XRD曲线上由一些特征峰体现,如类似于石墨的(002)、(100)和(110)处的衍射峰[1]。

1.2.5 拉曼光谱

由于拉曼(Raman)光谱技术对碳结构的有序状态具有极强的敏感性,所以可以更准确地鉴定原子排列的有序性程度,同时能提供煤结构官能团种类的信息。

应用拉曼光谱分析煤样品，其得到的峰形特征与无定形碳和石墨碳有关。因此，拉曼光谱可以用来研究煤的结构，特别是研究随煤化程度的增加[93]。Potgieter-Vermaak 等[94]详细总结了煤的拉曼光谱研究。Zerda 等[95]应用拉曼光谱研究了分离得到的镜质组和惰质组样品的特征。Guedes 等[96]讨论了煤显微组分的拉曼光谱特征。对不同变质程度煤的激光拉曼光谱的研究结果表明[95,97]，在拉曼光谱一级模中存有两个明显振动的峰，其峰的位置移动与样品中碳的含量变化之间存有良好的相关性。

1.2.6 透射电子显微镜

透射电子显微镜(TEM)的工作原理是将电子枪发射出来的电子束，在真空通道中沿着镜体光轴穿越聚光镜，通过聚光镜会聚成一束尖细、明亮而又均匀的光斑，照射在样品室内的样品上。透过样品后的电子束携带有样品内部的结构信息，样品内致密处透过的电子量少，稀疏处透过的电子量多。经过物镜的会聚调焦和初级放大后，电子束进入下级的中间透镜和第 1、第 2 投影镜进行综合放大成像，最终被放大了的电子影像投射在观察室内的荧光屏板上。荧光屏将电子影像转化为可见光影像以供使用者观察。

高分辨率透射电子显微镜(HRTEM)是把经加速和聚集的电子束投射到非常薄的样品上，电子与样品中的原子碰撞而改变方向，从而产生立体角散射。散射角的大小与样品的密度、厚度相关，因此可以形成明暗不同的影像，影像将在放大、聚焦后在成像器件上显示出来。通过解析电镜照片的晶格条纹，可以获得煤大分子中芳香官能团的尺寸及缩合度。

高分辨透射电子显微镜是研究煤中芳香层及其分布的一种有效方法[98~102]。通过高分辨透射电子显微镜技术所获取的图像以晶格条纹图像形式呈现，经过图形图像处理方法对高分辨透射电镜图像进行降噪等简单处理，期间剔除背景和一些重叠条纹的干扰，达到研究对象结构可视化的效果[103~106]。van Niekerk 等[105]应用 HRTEM 方法研究了南非富含镜质组和惰质组煤的芳香层片(aromatic fringes)的大小和分布特征。Castro-Marcano 等[106]应用此方法，探讨了伊利诺斯 6 号阿尔贡优质煤的芳香环的大小和分布特征。

1.2.7 原子力显微镜

原子力显微镜(AFM)作为一种新研发的仪器，主要用于对物质表面进行分析[107]。原子力显微镜能够提供物质的纳米级表面形貌图，同时能够表征样品表面的结构特征等信息。相比于其他表面分析仪器，原子力显微镜具有对工作环境要求低、样品制备简单等优势，广泛应用于材料研究与生命科学等领域。如今，原子力显微镜已经被广泛应用于研究煤[108~110]和显微组分[111~113]的表面特征。

Lawrie 等[111]应用原子力显微镜研究了鲍恩盆地煤显微组分的表面特征，研究表明，丝质体比镜质体具有高的表面粗糙度（roughness）。Morga[113]应用原子力显微镜探讨了热处理过程中丝质体和半丝质体表面的特征变化。Liu 等[109]应用原子力显微镜分析了不同微细粒（14.705μm、17.439μm、21.300μm、44.264μm）煤颗粒的表面特征，结果表明，随着粒度增大，其表面变得越来越粗糙。焦堃等[114]和 Wang 等[115]应用原子力显微镜对树皮煤中的树皮体和镜质体表面的纳米结构特征进行了分析。

第 2 章　华南二叠纪时期的地史特征

二叠纪时期，地壳活动很活跃。到二叠纪末期，联合大陆（Pangea）已基本形成。该大陆跨越了不同的古气候带，引起全球古构造、古地理和古环境的巨变，造成了陆相、潟湖相沉积类型的广泛发育[116]。同时，二叠纪时期既是全球性气候从冰期到非冰期转换的时期，也是地球演化史上发生广泛生物大灭绝事件之一的时期。在这个时期，一些重要沉积矿产资源得到沉积，如化石燃料（煤、石油和天然气）、磷酸盐矿产和一些蒸发岩矿产（如石膏、无水石膏和岩盐等）[117]。

根据刘本培等[116]的描述，本书进行简要介绍。

2.1 地 史 特 征

华南板块二叠纪时期遭受了晚古生代中最大的海侵。图 2-1 为华南板块二叠纪海平面变化地质事件。

		海平面变化		地质事件	层序
		←— 海退	海进 —→		
P₂	长兴期			生物灭绝 火山喷发 小星体陨击	
	吴家坪期				Ⅳ
				峨眉地裂运动 东吴上升运动	SB₁
P₁	茅口期				Ⅲ
	栖霞期			冰盖消溶	Ⅱ
	未名期			冰盖高峰	Ⅰ
					SB₁

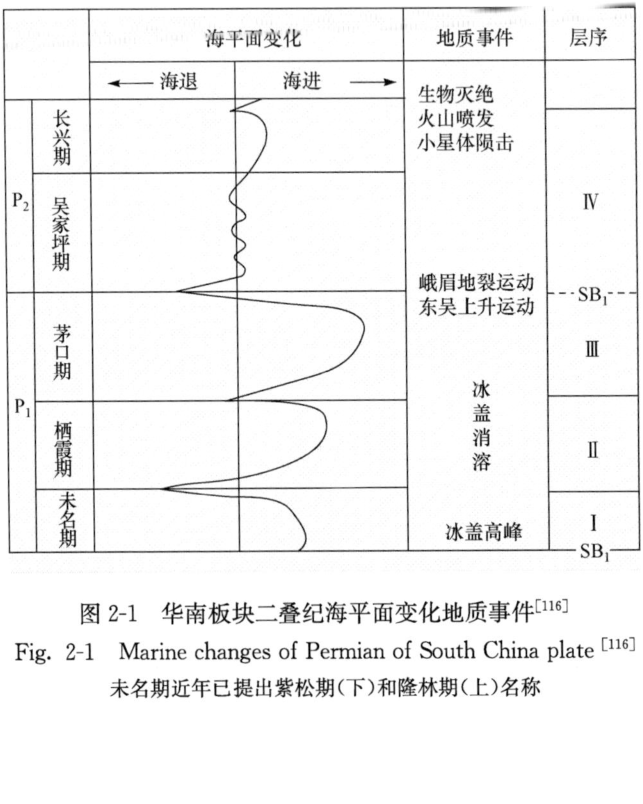

图 2-1　华南板块二叠纪海平面变化地质事件[116]

Fig. 2-1　Marine changes of Permian of South China plate [116]

未名期近年已提出紫松期（下）和隆林期（上）名称

早二叠世早期发生大面积海退，主要发生在昆明、贵阳至江南古陆一线以北的上扬子地区，栖霞组底部有明显沉积间断，普遍发育以梁山段为代表的“栖霞底部煤系”，属滨海-湖沼相陆源碎屑沉积。而川南一带，含菱铁矿、黄铁矿层的梁山段超覆于志留系之上。

早二叠世中期（栖霞期）在平行不整合面上沉积了栖霞组底部的梁山段（即“栖霞底部煤系”）属滨海沼泽环境，向上逐渐过渡为栖霞组浅海碳酸盐沉积。栖霞中期起华南板块发生的地史中最大的海侵，使晚古生代以来一直遭受剥蚀的扬子古陆沉陷为上扬子浅海。

早二叠世晚期（茅口期）再次发生海侵。茅口期起岩相分异明显，湘中、下扬子地区以当冲组或孤峰组为代表的硅质、泥质沉积，其中极少底栖生物，而富含浮游的菊石类及放射虫，代表缺氧条件下较深的滞流静水环境。尽管栖霞组和茅口组都富含群体造礁珊瑚和厚壁䗴类化石，反映出热带-亚热带广阔陆表海的清水碳酸盐台地环境，但栖霞组沉积时水深有逐渐变深的趋势，而茅口组呈变浅趋势。在华南板块东部闽浙赣地区出现茅口期近海碎屑含煤沉积（童子岩组），为该区特有的重要含煤层位。

早二叠世末期因构造隆升发生海退，此隆升运动延续至晚二叠世早期。茅口晚期华南板块构造分异普遍增强。扬子西缘地幔柱上拱，以地壳开裂引起大量玄武岩喷发和全区海退缺失茅口期顶部 *Neomisellina*（新米斯䗴）化石带为特征。东部下扬子和东南区晚二叠世早期以龙潭组近海沼泽沉积广泛发育为特征，反映了隆升运动所造成的显著的海退事件。

晚二叠世早期（吴家坪期）出现海陆交互环境的含煤沉积，其底部的凝灰质砂岩反映邻区有火山喷发。峨眉山玄武岩组的时代包括茅口晚期和龙潭期。以陆上喷发为主，在康滇古陆西侧的滇北丽江地区厚达 3300m，向东逐渐减薄，在贵阳附近尖灭，是典型的时间上跨时间和空间上穿时的岩石地层单位（图 2-2）。晚二叠世龙潭期自西而东可见由陆向海方向的明显相变。在西部陆上部分为宣威组河流冲积平原相碎屑岩夹煤层，海陆过渡带为龙潭组含煤碎屑岩夹海相碳酸盐夹层，离康滇古陆较远的海域部分为吴家坪组生物碎屑灰岩和礁灰岩。总体上看为海侵、海平面上升过程的沉积组合。

晚二叠世晚期（长兴期）开始为碳酸盐沉积（长兴组），代表新的小规模海侵，长兴期的海侵事件造成的古生代最高层位的动物群和大隆组硅质岩相的分异，较上扬子区更为明显。长兴期沉积中已发现少量火山凝灰岩夹层，反映了邻区存在较微弱的火山喷发。随后出现仅含浮游菊石等化石的硅质岩（大隆组），为滞流缺氧的静水或较深水环境的低速沉积。由此可以看出，华南板块的晚二叠世沉积类型总体上呈现东西两侧古陆边缘粒度变粗、陆相和近海沼泽相发育、中间部位碳酸盐为主的对称格局，是一种双向陆源的局限陆表海盆地类型。

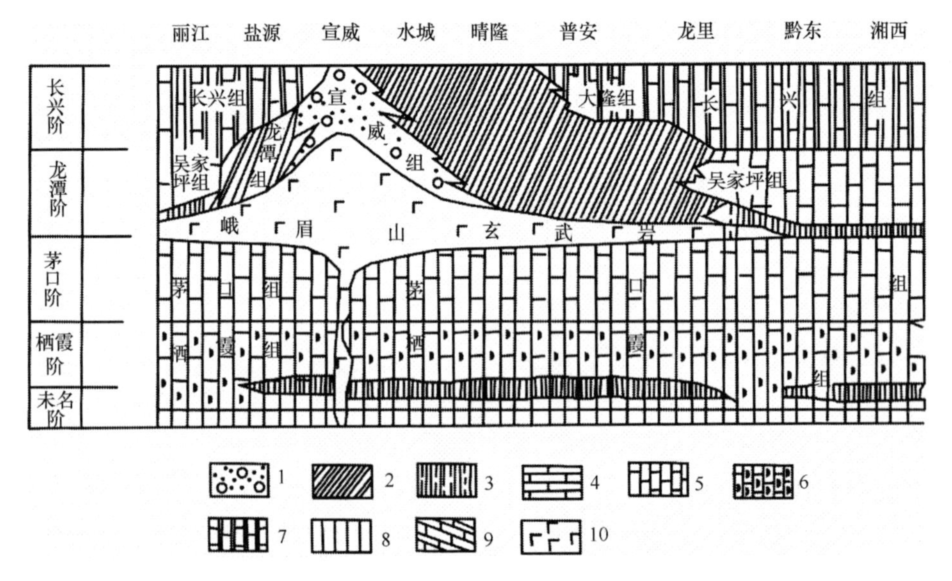

图 2-2　上扬子区二叠纪岩石地层单位时空分布格局[116]

Fig. 2-2　The distribution of Permian Stratigraphy in Upper Yangtze

1. 陆相含煤地层；2. 海陆交替相含煤地层；3. 滨海沼泽含煤地层；4. 海相含煤地层；5. 灰岩；
6. 含燧石灰岩；7. 硅质灰岩；8. 硅质岩、硅质页岩；9. 泥灰岩；10. 玄武岩；
垂直比例尺只表示层位时限，不表示地层厚度

2.2　古植物特征

李海立[118]通过对皖南龙潭组的含煤地层中植物化石的分析，把皖南龙潭组植物群落列为烟叶大羽羊齿-多叶瓣轮叶组合。冯少南[119]探讨了华南二叠纪含煤地层与植物群的新认识，指出华南地区二叠纪时期，在东南地区 *Gigantopteris nicotianae folia-Ullmannia frumentaria* 植物组合大量繁盛，而在西南地区，煤系中常见 *Ullmannia bronnii-Annularia Pigloenisis* 植物组合，尤其是 *Ullmannia bronnii* 为晚二叠世晚期煤系的重要分子。郭英廷[120]通过运用植物形态学和解剖学，详细探讨了贵州晚二叠世含煤岩系的植物古生态，并将其分为四种群落类型：沼泽群落、岸边群落、中生群落和高地群落。其中主要参与成煤的植物群落为大羽羊齿和辉木为优势植物的中生群落。田宝霖等[121]研究贵州水城矿区汪家寨组 C_{605} 煤层煤核中的植物化石发现，煤核中植物群以石松类（主要是鳞木类）为主，裸子植物次之（可能以松柏类为主），真蕨类占 13%，其他植物占 2%。陈其奭[122]在前人研究的基础上将南方龙潭组植物群划分为两种组合：福建单网羊齿-华夏齿叶（早二叠世晚期植物群）和烟叶大羽羊齿-多裂瓣轮叶（晚二叠世早期植物群）。玄

承锦[123]对江西乐平鸣山煤矿 B_3 煤层的顶底板中的植物化石进行了鉴定分析，详细地确定了各植物的种属和各种属所占的比例，并和我国其他地区同期的植物群落进行了比较，研究表明参与成煤的主要植物为蕨类植物的石松纲、楔叶纲和真蕨纲。王士俊等[124]对浙江长广煤田的黄铁矿结核进行了研究，发现裸子植物化石占相当的比例，它们可能属于原始松衫类；其次是辉木类和鳞木类的小根。分析认为，乐平煤的主要成煤植物中，树蕨辉木最重要，其次是鳞木类和裸子植物。

第3章 树皮煤的基本概况

3.1 树皮煤研究简况

早在19中叶至20世纪初，就先后有德国的李希霍芬、日本的井上喜之助、奥地利的竺来克以及中国的翁文灏等对树皮煤进行了粗略的研究。1925年，我国的刘季辰在鸣山一带工作时，首次提出乐平一带的晚二叠世煤为高挥发分煤。Hsieh(谢家荣)[125]研究乐平地区晚二叠世煤时发现此地区的煤不同于一般的腐植煤，具有高挥发分、低水分、高硫(尤其有机硫)、高熔融性、高溶胀性和高焦油产率等特点，并建议命名此煤为“Lopinite”。此后，树皮煤的研究引起了国内大量学者的密切关注。研究发现，这种特殊煤种最主要的煤岩特征是含有一种特殊显微组分——树皮体(barkinite)。尽管过去常把树皮体称为木栓质体(suberinite)[126, 127]，但是，在中国，一直将其定义为树皮体[128~131]。树皮体的定义为：由植物的周皮组织形成的壳质体，其纵横切面呈叠瓦状结构[131]。韩德馨等[00]把树皮体含量大于50%的煤称为树皮体残植煤，简称树皮煤。但是，陈其奭等[132]和张爱云等[133]提到按照树皮体的质量分数，把树皮体含量高于40%的称为树皮煤，树皮体含量为40%～15%的称为富树皮煤，而树皮体含量低于15%的称为含树皮煤。刘惠永等[134]研究六盘水地区龙潭煤系时，提出根据镜质组和树皮体含量将此地区煤分为富镜质体含树皮体煤、富镜质体较富树皮体煤、富镜质体富树皮体煤和树皮煤。其树皮煤中树皮体含量高于40%。

过去八十多年来，大量学者从不同角度对树皮煤展开了广泛的研究。由于到目前为止，仅仅在我国发现有树皮煤，所以，有关其大量研究工作都是由我国学者完成的。其研究的主要内容集中在：形成物质和成煤环境[118,120,122~126,132,134~140]、煤岩学特征[126, 132~136, 138, 139, 141~143]、化学特征[126, 127,134, 139, 140,144~151]、煤相[138, 152, 153]、化学结构[64, 65, 139, 149, 151, 154~169]、生烃性能[133, 134, 141, 142, 155, 156, 158, 159, 170~180]和热性质及其转化[127, 149, 181~184]。

金瞰昆[185]总结了树皮煤研究的现状与未来，并指出树皮体地球化学性质研究发展趋势的几个方面。从2002年以来，虽继续研究树皮体的煤岩学特征，但更多关注的是树皮体的化学特征和化学结构[65, 147, 149, 160, 163, 164]、地球化学性质[143, 186, 187]以及生烃性能[142, 177~179]。与此同时，许多现代分析测试手段和方法也被运用到树皮体的研究中。例如，为了研究树皮体的化学结构特征，涉及透射显微红外光谱[65, 163]、^{13}C 核磁共振[151]等技术手段。运用溶剂抽提、液相色谱、气相色谱、色谱-质谱联用、同位素分析以及 Rock-Eval 热解等技术和实验方法详细分析了树皮体的地球化学性质，并与其他显微组分进行了对比，表明树皮体确实与其他显微组分（镜质组、惰质组和孢子体）具有不同的性质[143, 186, 187]。

3.2 树皮煤的分布及储量

3.2.1 树皮煤的分布

晚二叠世为我国南方的主要聚煤期，聚煤环境及植物生长发育特点，决定了我国南方晚二叠世煤的成因类型主要是腐植煤[29]，含树皮煤也属于局部地区富集树皮体而形成的腐植煤的一种。含树皮煤在我国的南方晚二叠世煤和北方早二叠世煤中均有分布。在南方，含树皮煤主要分布在苏南吴县[137]、浙北长广[126]、江西乐平[134]、安徽广德[137]、重庆南桐[155]和贵州水城[138]等地区，而在北方，邢台矿区[186]和大同地区也有关于树皮体的报道。但树皮残植煤主要分布在我国的南方，其分布基本呈北东—南西方向走向。比较著名的几个树皮残植煤的分布煤田有乐平煤田、长广煤田和水城煤田。

3.2.2 树皮煤的储量

在储量分布上，据不完全统计，仅在江西乐平其探明和预测储量近 2 亿 t[188]。结合保有储量、矿井的设计能力等因素，粗略估算，典型煤田的树皮残植煤的储量如表 3-1 所示。由于受资料、时间等因素的限制，树皮煤的储量估计仅作为参考。

表 3-1　树皮煤的储量估算统计表

Table 3-1　Reservation source estimated of bark coal

煤田/矿井	储量/万 t	统计年份	资料来源	备注
鸣山煤矿	约 20000(探明和预测)	1994	地质报告	#
大河边煤矿	8091(保有)	1990	地质报告	
汪家寨煤矿	211995(保有)	1990	地质报告	
老鹰山煤矿	13683(保有)	1990	地质报告	
长广煤矿	13800(探明)	—	网上资源	#
总计	约 267569			

未减去矿井的设计能力。

3.3 地质背景

乐平地区、长广地区和水城地区都位于扬子板块(Yangzi plateform)上。在晚二叠世,乐平地区和长广地区形成在同一的坳陷(depression)(北东—南西走向),基本位于同一水平上。盆地经常受到从东和西南方面海侵的影响,这也导致在煤层或者沉积物中经常有许多海洋化石出现[126]。水城地区的形成靠近陆地区域,其基底为二叠纪的火山岩。在乐平地区、长广地区和水城地区,主要的二叠纪含煤岩层是龙潭组。图 3-1 为三个地区地层关系。在水城地区、乐平地区和长广地区的含煤沉积物的厚度依次为 250m、600m 和 400m。

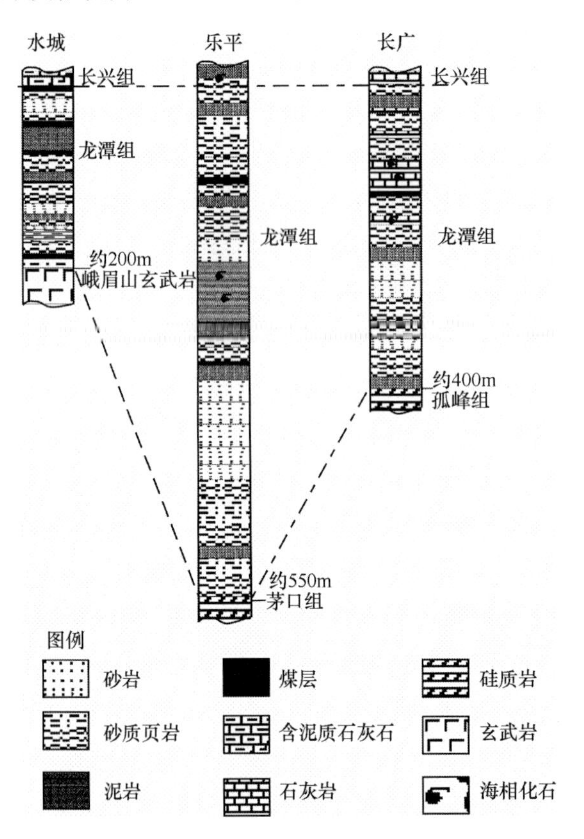

图 3-1 水城盆地、乐平盆地和长广盆地的晚二叠世地层图[139]

Fig. 3-1 Generalised Late Permian stratigraphy in the Shuicheng Basin, the Leping Basin and the Changguang Basin[139]

在水城地区,龙潭组的沉积环境为近海的三角洲平原或者分流间湾,所以海洋可能影响泥炭的形成。在这个地区,晚二叠世龙潭组的含煤岩系位于玄武岩基岩上面,龙潭组的岩性主要有细砂岩、硅质岩、黏土岩以及煤层,煤层常常分布在这些沉积物之间。在龙潭组约有 17 层煤,主要的四个煤层为:C_{101a}、C_{406d}、C_{407}和 C_{409}。

鸣山矿区的龙潭组从下到上可以分为四个段,即官山段(60～200m)、老山段(100～150m)、狮子山段(10～30m)和王潘里段(20～40m)。官山段岩性由砂岩、硅质岩和泥岩组成,老山段岩性主要由细砂岩、硅质岩、泥岩、石灰岩以及一些煤层组成,王潘里段主要由细砂岩、硅质岩和泥岩组成,狮子山段仅有细砂岩出现。长广煤田位于苏浙皖交界地区,含煤地层为上二叠统龙潭组,其下与孤峰组、上与长兴组均呈假整合接触。

我国南方晚二叠世龙潭组含煤岩系,上覆地层为长兴组,下覆地层在浙江长广地区的为孤峰组,江西乐平为茅口组,贵州水城为汪家寨组。龙潭组系由砂质页岩、粉砂岩、灰岩、泥岩、煤层等组成[126,134～137, 139]。龙潭组含煤建造主要含 B 和 C 两煤组十余煤层,浙江长广地区树皮残植煤的主可采煤层为 C 煤层,乐平地区则为 B_3煤层,贵州水城地区树皮残植煤主要为 C 煤层。

长广地区 C 煤层形成于潮坪泥炭沼泽沉积体系,煤层底板为形成于淡水沼泽环境的灰白色泥岩-粉砂质泥岩,煤层之上为形成于高能量浅海-滨海环境的一层浅灰色砂粒级生物碎屑灰岩。通过对煤层中的化石进行统计分析结果表明,C 煤层的形成环境是较大面积堆积高等植物遗体的泥炭沼泽[126]。

乐平地区煤层底部为粗砂岩层,顶部为泥质页岩,含煤岩层以页岩为主[135]。陈其奭[122]通过对显微煤岩标志和地球化学标志的测定和分析得出江西乐平树皮残植煤的沉积环境具有动荡、微咸化、偏碱性、强还原性的物理化学性质。

张井等[152]对长广和乐平的树皮残植煤的沉积环境运用煤岩特征分析法做了进一步的研究,指出华南晚二叠世"树皮煤"主要形成于受海侵影响的覆水较深的森林泥炭沼泽和开阔水域泥炭沼泽环境。此外,关于树皮残植煤的沉积环境的研究,许多学者认为其和我国海南现代红树林泥炭相似[122,132, 137],红树林泥炭为海相过渡相沉积,大量植物残体形成腐植泥,泥炭的堆积属广海型泥炭坪堆积。

3.4　树皮煤的成因及煤相

目前,有关树皮煤的成因还没有统一的说法。树皮残植煤的成因最早被推断为异地成煤[134],其形成条件,一是成煤植物必须要充分腐解;二是经过腐解的物质要发生搬运作用,使孢子等物质被移走,而使周皮(cork)和与其有关的组织保存富集下来。任德贻等[136]认为乐平树皮残植煤并非异地成煤,而是形成于覆水沼泽中并有局部搬运作用影响,因此应属微异地成煤。骆善胜[137]研究表明,浙江长广煤田C煤层沉积处于海进的初期,含有大量海相动物化石,且这些化石大部分都是原地埋葬的生物群落,推测此树皮煤是原地形成的。而韩德馨等[126]在前人研究结果的基础上结合泥炭沼泽沉积环境的特点,将树皮残植煤的成因总结为原地成煤和微异地成煤两种类型。徐静等[140]的研究也表明类似的结果。陈其奭等[132]依据煤的显微组分组成和树皮体富集程度的不同,把树皮残植煤分为原地型、过渡型和微异地型。

马兴祥[138]研究贵州水城晚二叠世树皮煤的煤相分类方案,总结出了煤相垂向演替序列。张井等[152]详细分析了长广树皮煤和乐平树皮煤的煤岩特征,并依据微相双三角图和煤层微相GI-TPI坐标图将树皮煤划分为四种煤相:干燥森林沼泽相、潮湿森林泥炭沼泽相、草木混生型泥炭沼泽相和开阔水域泥炭沼泽相。

关于树皮残植煤中树皮体的植物来源问题一直存在争议,阎俊峰等[135]认为树皮体主要来源于鳞木皮层的内层组织。马兴祥[138]提出了树皮体主要起源于辉木类植物小根中的厚壁细胞带组织。韩德馨等[126]在总结诸多古植物学家的研究结果后认为树皮体的来源为鳞木的周皮组织,并因其性质与功能不同于现代植物的周皮,建议将其称为次生皮层(secondary cortex)。王士俊等[124]对长广煤田发现的黄铁矿进行结核浸解和镜下观察后认为,树皮体大部分不是来源于树蕨辉木的小根外部皮层中的厚壁组织,也不是来源于鳞木类或裸子植物的周皮,而可能来源于一种大羽羊齿类植物的刺根茎(*rhizomopsis gemmifera*),但对这种周皮组织的性质和功能尚无定论。由于化石和煤核的植物研究有其不可避免的局限性,所以关于树皮体的植物来源问题仍需进一步的研究确认。

第 4 章　研究思路与测试分析方法

4.1　研究思路

本书以树皮煤的属性特性和转化特征为核心内容，以树皮煤的合理、清洁利用为落脚点，从树皮煤、树皮体、镜质组三个方面，深入研究树皮煤的基本属性和热转化特征等，立足树皮煤的基本特征，突出特殊性质，探讨树皮煤的合理利用途径。研究路线如图 4-1 所示。

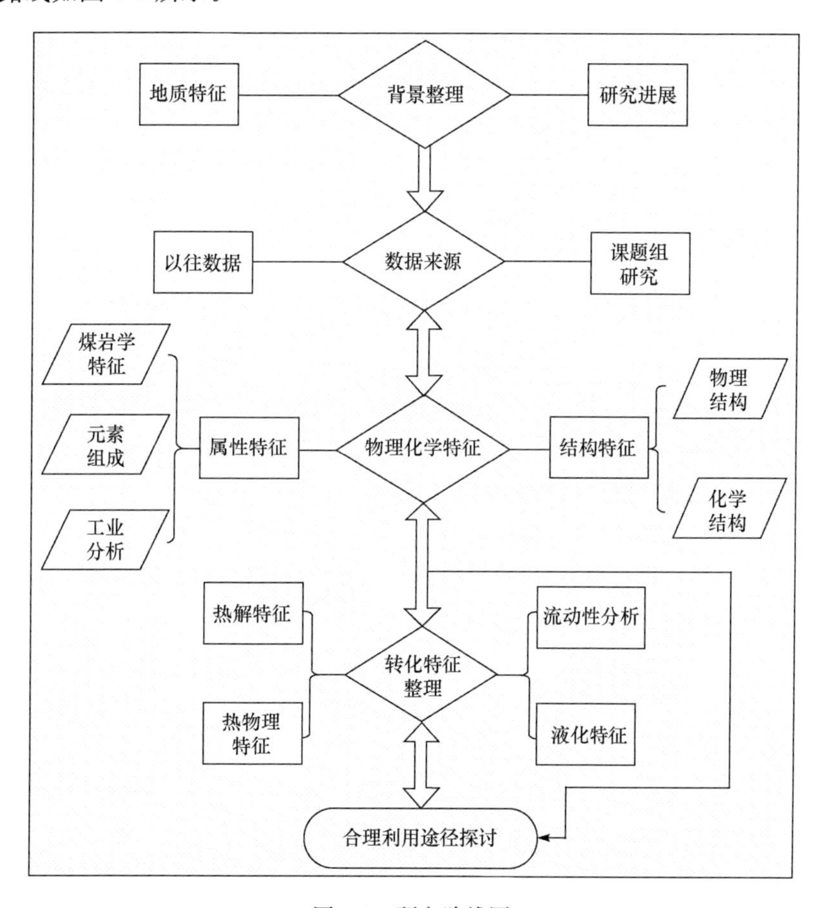

图 4-1　研究路线图

Fig. 4-1　Scheme of studies in this work

4.2 样品与数据

4.2.1 样品采集

煤样类型包括刻槽样和煤岩样。树皮煤样品主要采集于江西省乐平地区鸣山煤矿 B_3 煤层(简写为 LP、M 或者 MS)、浙江省长广煤矿 C 煤层(简写为 CG)、贵州省水城矿务局的大河边煤矿 C_{409} 煤层(简写为 DHB)。同时选取了贵州省部分矿井树皮煤的样品,如大河边 C_{407} 煤层(简写为 D407-13)、汪家寨矿井(简写为 WJZ3-3、WJZ12-1)、月亮田矿井(简写为 Y19-1)。此外,为说明树皮煤的元素组成和转化性质的特殊性,收集了课题组其他成员的样品数据和实验结果,主要来自郭亚楠[189]、苏育飞[190]、杨硕鹏[191]、廖凤蓉[192]和姜迪[193]的学位论文等。鉴于本书所用的煤样的树皮体含量绝大部分在 10%以上,且表现出特殊性质,为了统一,把不同含量树皮体的煤统称为树皮煤。同时,受不同批次采集样品的影响,采集江西乐平地区鸣山煤矿的样品标记为 LP、LP-2、LP-4、LP5-1、MS、M-1、M-5、MS-13、MS-14,浙江长广地区的样品标记为 CG、CG-3、CG-5,贵州大河边煤矿的样品标记为 DHB、D407-13、DHB -3、DHB -6,贵州汪家寨煤矿的样品标记为 WJZ3-3、WJZ12-1,以及贵州月亮田煤矿的样品标记为 Y19-1 等。

4.2.2 样品分离

从煤中分离显微组分的方法和效果,相关学者进行了研究[194,195]。本书采用手选和等密度梯度离心分离相结合的方法,对树皮煤样品进行分离,分离得到了树皮体和镜质体两种显微组分。样品经过分离之后,得到的树皮体和镜质体的纯度均至少为 95%(体积分数)。等密度梯度离心分离的基本步骤为:首先将煤样破碎到所需目数,再取 6 个 500mL 的平底烧瓶,先用超纯水冲洗一遍,然后向每个烧瓶中加入煤样 10g,将混合酸溶液倒入烧瓶中,并摇匀,直至煤粉完全溶解,确认烧瓶壁上没有样品残留。将 6 个平底烧瓶封口,并水浴加热 24h。水浴加热结束后,将得到的溶液过滤,过滤完成后,再用超纯水过滤一遍。将过滤得到的煤样放入真空干燥箱中干燥 3h。将干燥得到的煤样密封保存,准备分离。然后取一定量的 $ZnCl_2$ 溶于超纯水中,配制成密度为 $1g/cm^3$ 的比重液。分别称量脱过灰的样品 1g,置于 8 个 50mL 的离心管中。向每个离心管中加入 25mL 比重液,使煤粉充分溶解,继续加比重液将离心管加满。将离心管装在高速离心机上离心 1h。离心结束后,将离心管取出,抽取每个离心管中的上层清液。将上层清液及剩余溶液分别过滤、烘干、称重并记录。将上层清液的过滤物放入样品袋中,并贴上所用比重液的密度标签。将剩余溶液的过滤物再分别置于相应的离心管中,加入密度为

1.05g/cm^3 的比重液，继续离心，重复此过程直到完成 1.60g/cm^3 的比重液。将各密度离心得到的上层清液的过滤物做成煤光片，利用显微镜进行显微组分定量，确定各显微组分的最佳分离密度。本书分离得到的树皮体和镜质组分别简写为 BaS 和 VS。

4.2.3　以往研究成果引用

为全面说明树皮煤的物理性质和化学性质，丰富树皮煤的研究数据，在唐跃刚教授课题组研究的基础上，本书也注重引用学者的研究成果，这些成果主要来自 Hsieh[125]、戴和武等[127]、颜跃进等[188]、韩德馨等[29]、Sun[65,142,143]、Zhong 等[139]、Guo 等[64]、Querol 等[146]的研究。

4.3　样品制备

所有刻槽煤样首先被破碎到约 6.35mm 的粒度，然后用分流器分流得到约 1000g 的煤样，用来制备煤质样、煤岩样、化学分析或者其他分析。分流得到的 1000g 煤样被破碎到 20 目(850μm)，一部分用于做煤岩煤样，一部分储存在充满氩气的聚乙烯袋中，以备化学分析或者其他分析。采用分析项目的详细粒度研究见表 4-1。

表 4-1　分析煤样的详细粒度

Table 4-1　Detail particle size of each analysis method

分析项目	粒度/目
工业分析	60
元素分析	60
煤岩分析	20
热重分析	60
流动性分析	40
液化实验	100
Py-GC/MS，^{13}C-NMR，FTIR	100
其他测试分析	根据实验要求准备

制备煤岩煤样时，所用制备煤岩煤样的量是很少的，而从野外取来煤样的数量很大，因此为了保证煤样的代表性，取样、破碎时要特别小心。按照美国材料与试验协会 D2797-04 标准，煤样先被破碎到 4.75mm，然用用分流器分流得到约 250g 煤样，分流器有 12 个分流通道，且每个通道之间的距离为 12.7～19.1mm。之后将此 250g 煤样经过不断破碎，直到粒度达到 850μm。然后，破碎了的煤样再经过

带有 12 个分流通道(每个通道间隔距离为 3.2～6.4mm)的分流器进行分流，以便得到 10g 煤样制作煤岩样。在破碎过程中，经常要用到研钵来辅助破碎。

制备煤岩煤样的详细步骤如下。

1) 煤光片的制备

(1) 取塑料固定器，清理干净，把煤样倒入其中。

(2) 添加固结剂，比例约为 10g 煤要用 4g 环氧树脂、25g 树脂和 3mL 的固结物质。把这些物质倒入盛有煤样的容器中，用可以处理的木质棒搅拌。

(3) 在室温条件下，把上述制得的混合物静置一夜。

(4) 用锯平均锯成两块，用打磨机把这两块表面磨平。

(5) 在磨平的表面及模具底面涂胶，把涂胶的煤样放到模具中，再添加树脂和固结剂的混合物，然后在室温下静置一夜。

(6) 添加标签，再添加树脂和固结剂的混合物，之后在室温下静置一夜。

(7) 从模具中取出煤样，在打磨机上磨平。

2) 煤光片的抛光

为了能够在显微镜下清楚观察煤样的显微特征，煤样需要进行抛光。其具体步骤如下，在每一步，光片都要经过超声，用蒸馏水清洗。

(1) 在 400 目砂石的碳化硅纸上磨平，每次需要 3min。

(2) 在 600 目砂石的碳化硅纸上磨平，每次需要 3min。

(3) 把煤样放到圆盘上继续抛光，此时，在圆盘上放 0.3μm 的氧化铝溶液(alimunin slurry)。每次需要 3min。当到最后 1min 时，再次加氧化铝溶液。最后 10s，在圆盘转动的过程中，往圆盘上泼蒸馏水。时间到后，用蒸馏水清洗圆盘。

(4) 煤样在放有 0.05μm 的氧化铝溶液的圆盘上继续抛光。此时需要 2.5min。时间到后，取下煤样，进行一次超声，然后用蒸馏水清洗。

(5) 把煤样从容器中取出，然后放到干燥器里，以备使用。

4.4 测试分析方法

4.4.1 反射率测定

镜质组的反射率被广泛应用评价煤级，所以对反射率的准确测定尤其重要。Stach 等[2]和 Taylor 等[196]详细说明了反射率含义、应用及其测定方法。在欧洲，通常用随机反射率表述煤级，而在北美用平均最大镜质组反射率表述煤级。

平均最大镜质组反射率测定是在油浸的条件下(n_o=1.5178(25℃))通过测定镜质组的反射率而得到的。使用的仪器由带有旋转物台的 Orthoplan 入射光显微镜和 MPV-2 光电子增管以及高压氦灯组成，高压氦灯是照明器。

显微组分的反射率是显微组分的折射率和吸产率相互作用的一个相关的函数式。根据菲涅耳-贝尔方程：

$$R_o=\frac{(n-n_o)^2+n^2k^2}{(n+n_o)^2+n^2k^2} \tag{4-1}$$

式中，R_o 为显微组分的反射率；n 和 k 分别为显微组分的折射率和吸产率；n_o 为浸油的折射率(25℃温度条件下，$n_o=1.5178$)。在日常的实验中，通常不测有机岩石的吸产率，因为相对于标准玻璃煤样的反射率，煤样的吸产率是很难测定的。大部分玻璃标样是透明的，k 值通常可以忽略。因此方程(4-1)可以变为

$$R_d=\frac{(n_d-n_o)^2}{(n_d+n_o)^2} \tag{4-2}$$

式中，R_d 为玻璃标样的反射率；n_d 和 n_o 分别为玻璃标样的折射率和浸油的折射率。

在进行煤样的反射率测定前，要用玻璃标样对光度计进行校正。在校准后，应该立即开始测定煤样的反射率。而测试完 25 个点后，要对光度计重新校对。平均反射率是对光片中的均质镜质体进行 100 个点测试得到，每个光片测试 50 个，尽量覆盖整个光片。当看到理想的均质镜质体后，进行测试，并通过旋转载物台 360°，记录下最大的反射率，测试完毕，求取记录的最大反射率的均值作为测试样品的平均最大镜质组反射率。

4.4.2 显微组分分析

煤样的显微组分在光片的抛光面上鉴定和定量，显微组分的含量用数点法定量，测试在 Zeiss 全方位反射光显微镜上进行，使用放大倍数为 40 的油浸物镜和放大倍数为 12.5 的目镜镜头的光圈。测试过程中，行距和点距都采用 0.5mm，总计测了 1000 个点，每个光片各 500 个点。大部分煤样的定性和定量分析在宾夕法尼亚州立大学的能源所完成，而部分煤样的定性和定量分析在中国矿业大学(北京)煤炭资源与安全开采国家重点实验室进行。

4.4.3 工业分析和元素分析

LP、CG 和 DHB 煤样的工业分析和元素分析按照美国材料与试验协会标准分析测定。工业分析(水分、灰分和挥发分)按照美国材料与试验协会 D 5142-04 (Standard Test Methods for Proximate Analysis of the Analysis Sample of Coal and Coke by Instrumental Procedures)测试，元素分析(碳、氢、氮)按照美国材料与试验协会 D 5373-02(Standard Test Methods for Instrumental Determination of Carbon, Hydrogen, and Nitrogen in Laboratory Samples of Coal and Coke)测试，全硫测试按照美国材料与试验协会 D 3177-02 进行，而形态硫(黄铁矿硫和硫酸盐

硫)按照美国材料与试验协会 2492-02(Standard Test Methods for Forms of Sulfur in Coal)测定,有机硫用全硫减去硫酸盐硫和黄铁矿硫得到,氧含量由差值得到。所有元素分析结果都按照干燥无灰基进行计算,同时为了对比,选择 LP、CG 和 DHB 的部分煤样送到山西煤炭地质研究所进行工业分析和元素分析。样品 LP5-1、D407-13、Y19-1 和 WJZ12-1 的工业分析和元素分析的数据也在山西煤炭地质研究所测定。

4.4.4 流动性测定

1. 实验仪器

煤的流动性测定仪器如图 4-2 所示,它由五部分组成,分别为流动仪的头部、煤样存储器、加热器、自动温度控制器以及自动统计系统。

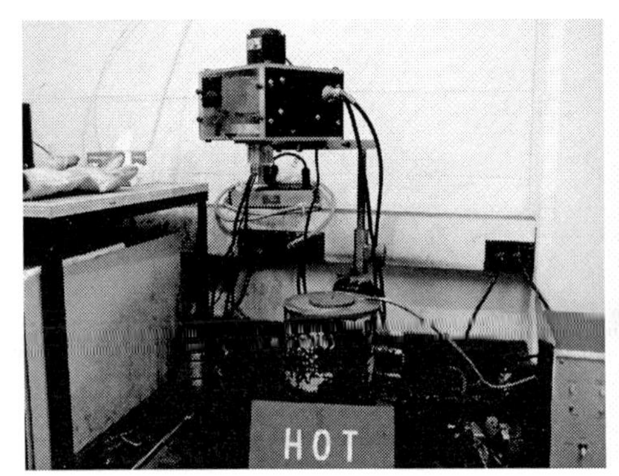

图 4-2　基氏流动仪

Fig. 4-2　Fully automated Gieseler plastometer

(1) 流动仪的头部。流动仪的头部由一定速度的发动机、制动系统以及指针盘组成。与定速的发动机连接的制动系统有一个磁力场,这个磁力场能够产生磁力矩。指针盘安置在制动系统的下部、垂直杆的上部。通过调整制动系统和指针盘的位置可以改变磁力矩。

(2) 煤样存储器。煤样存储器由五部分组成,即坩埚(retort crucible)、长轴桶(retort barrel)、搅拌器头部(stirring rod)、导套(guide sleeve)以及搅拌器装配热电偶(thermocouple stirrer assembly)。

(3) 加热器。加热器是由铅和锌混成的电自动加热的金属浴。

(4) 自动温度控制器。自动温度控制器可以在加热速率为 1～15℃/min 范围内随意调整所需要的温度区间。

(5) 自动统计系统。自动统计系统由电眼系统(electric-eye system) 和自动统计器(automatic counter)两部分组成。电眼系统可以显示在指针盘转动的光的脉动情况。自动统计器接收来自电眼系统的信号以及以每分钟或者每秒钟累计这些信号。实验结束后，仪器会给出反应时间、反应温度以及流动度等信息。

2. 测试程序

每个煤样都按照美国材料与试验协会 D 2639-04 标准程序来操作。每 60s 记录一次结果，每次实验，需要 40 目的煤样 5g，以加热速率为 3℃/min 在温度区间为 330～500℃进行。每个煤样都测试至少两次，当特征温度的差异在±5℃范围内、最大流动度在±10 的数据可信。当每个实验运行完后，由记录仪打印出数据，根据这些数据，就可以得出表征流动性的几个参数，即软化温度、固化温度、最大流动度温度、流动性区间以及最大流动度。

4.4.5　热重实验

热重实验是在 Perkin Elmer TG 47 热重分析仪上进行的。煤样破碎到 60 目(约 0.25mm)，每次取样量约 10mg，常压下氮气流量控制在 100mL/min，最终温度设定为 950℃。使用的温度程序为：先在 30℃保持 60min，再以不同加热速率升到 950℃。加热速率有 10℃/min、15℃/min 和 25℃/min，其目的是研究升温速率对树皮煤热重行为的影响。

为分析加热速率对 LP5-1、分离的树皮体和镜质体样品的热解行为的影响，采用的热重设备及其测试条件如下：设备为瑞士 Mettler Toledo 公司生产的 TGA/DSC 1/1600HT 至尊型热分析仪。样品破碎至 200 目，每次取样约 8mg，在氮气流速为 50mL/min 的气氛条件下，分别以 10℃/min、20℃/min、40℃/min 和 60℃/min 的升温速率，将样品从室温加热至 900℃。

4.4.6　液化实验

所有的液化实验都在沙浴的管式反应器中完成。实验所用的气体是高纯氢气(99.999%)，溶剂是 1,2,3,4-四氢萘，催化剂是硫化铁(FeS_2)，粒度为 100 目，每次实验加入量为 0.22g。实验前，先把煤样破碎到 100 目(约 150μm)，放到烘箱中，在 100℃温度下干燥 1h。在做液化实验时，把煤与溶剂按照 1∶3(质量比)的比例和定量的催化剂(干燥状态)一起放入不锈钢的微型反应器中，拧紧反应器，先向反应器中充一次氮气，目的是赶出容器内的空气，同时考查反应器的气密性。然后充氢气 2～3 次后，充氢气至 1000psi(约 6.9MPa)。把反应器放入提前加热好的沙浴中，约 5min 后开始计时，在沙浴中总反应时间为 60min，振速控制在 80 次/min。反应完成后，取出反应器，并迅速放入水中冷却至室温。反应产生的气体用气相色谱进行测试分析。反应后的固液混合物用索氏抽提法进行抽提，抽提溶剂为正己烷和四氢呋喃(THF)。每次抽提以抽提管中的液体至无色为止。溶于正己烷的部分为液体油,不溶于正己烷而溶于四氢呋喃的部分为沥青烯和前沥青烯,而不溶于四氢呋喃的部分为残渣。氢耗率值小于1,计算时略去。气体产率根据气相色谱对各气体组成部分的分析数据进行计算。由于本实验主要考查煤属性与液化的关系,所以没有过多讨论煤液化各个产物的产率,把水产率并入油中来考虑。其反应产物产率的计算方法为

$$转化率=(M_{daf}-M_{THF\ insoluble,daf})/M_{daf}\times100\%$$

$$前沥青烯和沥青烯产率=(M_{Hexane\ insoluble}-M_{THF\ insoluble})/M_{daf}\times100\%$$

$$油和气体产率=转化率-前沥青烯和沥青烯产率$$

其中,M_{daf}为干燥无灰基煤样的质量(g);$M_{THF\ insoluble,daf}$为干燥无灰基四氢呋喃不溶部分的质量(g);$M_{Hexane\ insoluble}$为正己烷不溶部分的质量(g);$M_{THF\ insoluble}$为THF不溶部分的质量(g)。

4.4.7 显微热台实验分析

实验所用的设备为德国徕卡公司的热台偏光显微镜。实验装置如图4-3所示,其由热台偏光显微镜、计算机、升温及降温装置组成。热台偏光显微镜的技术指标:热台温度范围-120~600℃,可程序控温、胶卷照相或数码CCD静态成像;最大放大倍率为1000倍。照相软件为凤凰显微图像处理与分析软件演示版(Phmias 2008 Cs ver 3.0);盖片若干,用于放置样品。显微高清摄像机:型号为MC-D900U(C),900万像素。玻璃转子流量计用于控制氮气流量。氮气用于防止

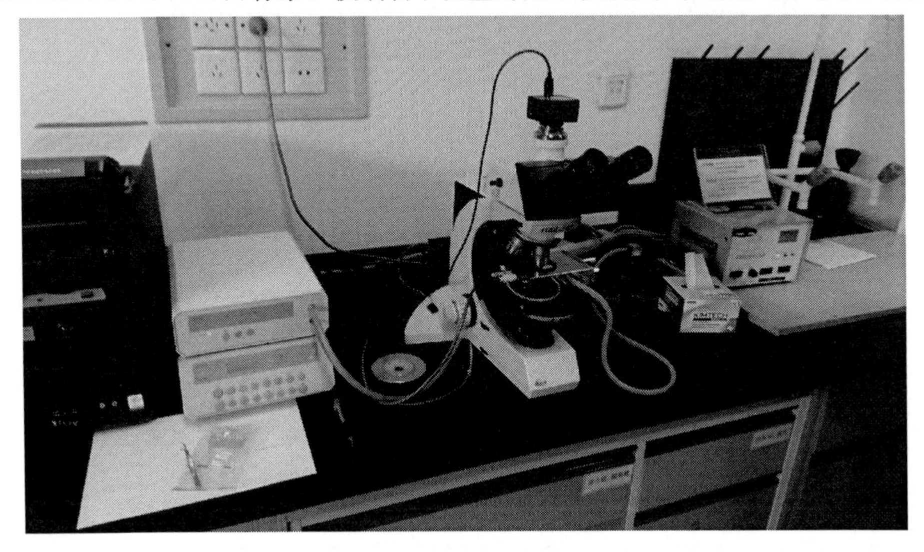

图4-3 显微热台测试装置

Fig. 4-3 Micro-thermal table test device

氧化。

本次实验样品选择为江西乐平鸣山矿区 LP5-1 煤样，从树皮煤分选出镜质体和树皮体，并通过分筛器分为 80 目、100 目、120 目、160 目、200 目 5 个粒度。每次实验样品量为 1～3mg。分析加热过程中样品的物理变化特征，并对观察的现象进行描述，总结相应的温度点。比较不同粒度树皮体和镜质体的受热物理变化规律。

4.4.8　岩石热解实验

岩石热解实验在配备有机碳模块的 Rock Eval 6 型装置进行，实验在氮气中以及空气中燃烧进行。热解起始温度为 300℃且持续 3min，以确定 S_1 曲线，之后以 25℃/min 的温度速率升高至 800℃以确定 S_2 曲线。将样品转移至 300～850℃的气室中，加热速率为 20℃/min，以烧掉所有剩余有机物。

4.4.9　抽提实验

抽提实验和可溶有机物的族组分离分别按照 SY/T5118-2005 和 SY/T5119-2008 标准进行。应用索氏(Soxhlet)抽提仪器用氯仿溶剂对样品萃取 72h，可溶部分有机物配成溶液，然后点在烧结的硅胶层析棒上，选择不同极性的溶剂(正己烷∶二氯甲烷＝1∶1，正己烷∶异戊醇＝90∶10，均为体积比)依次将试样中的饱和烃、芳烃、非烃和沥青质分离出来，用火焰离子化检测器检测，以峰面积归一化法计算各个族组分的质量分数。饱和馏分用于气相色谱和气相色谱/质谱分析。

4.4.10　热解-气相色谱/质谱

测试所用的仪器型号分别为：热解仪 1000，色谱仪为 Hewlett Packard 5890 SeriesⅡ，质谱仪为 Hewlett Packard 5971。煤样的准备是非常重要的环节，因为选择合适的煤样重量能够减少煤样中受热带来的影响，同时能确保选择的煤样能够充分热解。所应用的程序为：煤样放到石英管中，把放有煤样的石英管轻轻地水平放进热解仪的细线圈中。由于热解单元直接与色谱相连，所以热解产物能够直接转移到毛细管柱中(RXI^{tm}-5ms “restek：30m，0.25mm i.d.；0.25mm film thickness)。热解条件为：温度 610℃，保持 10s，快速热解(加热速率为 5000℃/s)。接口处的温度为 270℃，氦气是载体。气相色谱柱用液氮冷却到 40℃，保持 1min 后，按照升温速率 4℃/min 升到 300℃并保持 10min。色谱和质谱相连，质谱的电压为 70eV。每次实验，煤样用量为 0.5～1.0mg，每个煤样约需要 90min 才能结束。数据结果应用 Chemstation C1701BA 软件进行分析。

4.4.11　气相色谱

测定液化产物的气相色谱用来分析煤液化气体产品。仪器型号为 Perkin-Elmer，有两个检测器，一个是火焰离子检测器（flame ionization detector，FID），另一个是热导检测器（thermal conductivity detector，TCD）。不锈钢的填充柱（1.8m，3.17mm ID）用来测定 C_1 到 C_6 的烃类混合物，而另一个不锈钢的填充柱（4.6m，3.17mm ID）测定 H_2、CO、CO_2、CH_4、C_2H_2、C_2H_4 和 C_2H_6。所用的标准气体为 Supelco 公司生产的，对比标准气体，定性、定量分析各气体。

用于有机地球化学分析的气相色谱分析是在带有 FID 的 Agilent 7890GC 型气相色谱仪上进行的。色谱柱为弹性石英毛细柱 DB-5（内径 0.25mm）。升温速率为 6℃/min，温度区间为 80～310℃，载气为氮气。

4.4.12　气相色谱/质谱

仪器型号为 Theremo-Trace GC Ultra-DSQ II 气相色谱/质谱联用仪。色谱柱为 HP-5MS 弹性石英毛细柱（60m×0.25mm×0.25μm），升温程序为室温升到 100℃，持续 5min，然后以 3℃/min 的速率加热到 320℃，并持续 20min。载气为氮气。质谱条件为：EI 源 70eV，灯丝电流为 100μA，离子源温度为 280℃。通过实验，记录了三萜烷（m/z 191）和甾烷（m/z 217）的气相色谱/质谱图，其相对丰度通过计算峰强度来确定，化合物通过保留时间鉴定。

4.4.13　固态 ^{13}C 核磁共振测试

所用的核磁共振的测试都采用 $^1H \longrightarrow {}^{13}C$ 的交叉极化-自旋边带全抑制（TOSS）脉冲程序。实验所用的仪器带有双自旋的 4mm 的魔角旋转探头。实验仪器型号为 Bruker AV 300 WB。^1H 的激发脉宽为 14.5μs，接触时间为 1.25ms，自旋速率为 5000Hz，峰宽为 37.9kHz，循环延迟时间为 4s，^{13}C 的核磁共振频率为 75.55MHz。含碳官能团的分布特征是通过软件 Spinworks 进行合成和归一化后得到的。

4.4.14　傅里叶变换红外光谱

测试所用的仪器型号为 Nicolet Model 6700。采用溴化钾（KBr）压片法进行煤样处理，所用的压力为 10MPa，煤样用量控制在 1～3mg，KBr 的量为 300mg。KBr 和煤混合搅拌 120s，然后在压力为 10MPa 时保持 2min，制成直径约为 13mm 的煤样片。在测试分析之前，制成的煤样放到真空烘箱内干燥 48h，其目的是减少水分对光谱产生的影响。光谱是在扫描次数为 300 和分辨率为 $2cm^{-1}$ 下，在 400～$4000cm^{-1}$ 范围内收集红外光谱信息得到的。而对于 LP、DHB 和 CG 的残渣，扫描次数为 400。

4.4.15　显微傅里叶红外光谱

光学显微镜仪器型号为 Nicolet Continuμm，红外光谱测试所用的仪器型号为

Nicolet Model 6700，两个仪器连接在一起。光谱是在扫描次数为300和分辨率为$4cm^{-1}$下，在650～$4000cm^{-1}$范围内收集红外光谱信息得到的。光谱分析软件为OMNIC 8。每次实验得到光谱后，要进行Kramers-Kronig转化。分析所用的样品是块煤光片与粉煤光片。

4.4.16 热解-质谱/红外光谱

热解-质谱/红外光谱实验是在Netzsch Sta 449 C热解仪器上进行的。样品破碎到0.212mm，每次实验用量约为10mg。热解条件为：氮气流速为50mL/min，加热速率为10℃/min，温度区间为30～900℃。质谱直接连接在热解仪上，用来检测热解生成的气体。气体在100eV下被离子化。红外光谱实验条件为：扫描次数为300，分辨率为$4cm^{-1}$。

4.4.17 X射线衍射

X射线衍射测试所用的仪器为Rigaku DMAX-2000衍射仪。衍射角为0～80°(2θ角测量范围)，扫描速率为4(°)/min，铜靶(40kV，100mA)，0.02°的步幅(step interval)。晶格参数依据布拉格方程和谢乐方程进行计算。

4.4.18 拉曼光谱

拉曼光谱在配有显微镜的Renishaw 100拉曼光谱仪上进行。显微镜为放大倍数为10的目镜和放大倍数为50的物镜。用氩离子束(514nm)激发拉曼光谱，扫描范围为100～$4000cm^{-1}$。数据记录间隔为30s。

4.4.19 透射电子显微镜

高分辨率透射电子显微镜的设备是日本产JEM-2010型高分辨透射电镜(加速电压为200kV，点分辨率为0.19nm，晶格分辨率0.14nm)。基本步骤为：选择高质量的微栅网(直径3mm)，用镊子小心取出微栅网，将膜面朝上(在灯光下观察显示有光泽的面，即膜面)，轻轻平放在白色滤纸上；取适量的煤样粉末和乙醇分别加入小烧杯，进行超声振荡10～30min，静置3～5min后，用玻璃毛细管吸取粉末和乙醇的均匀混合液，然后滴2～3滴该混合液体到微栅网上；静置30min，以便乙醇尽量挥发完毕，否则将样品装到样品台，插入电镜后会对电镜的真空室造成影响。

原位热场加热下的载样网采用耐热材料碳化硅网，取定量乙醇和煤样粉末混合，进行超声振荡，然后静置3～5min，取混合液2～3滴到微栅网上，再经过30min的静置，使乙醇挥发完毕。采用原位热场加热的温度区间为350～500℃，为精确研究显微组分化学结构特征与温度变化之间的关系，选择50℃间隔逐步升温。

4.4.20 原子力显微镜

实验仪器型号为美国 Veeco 公司 NanoScope Ⅴ 型原子力显微镜;分析软件为 NanoScope Ⅴ Version 7.20;最大扫描范围为 100μm×100μm;分辨率为 0.3nm;针尖为微悬臂式针尖,采用轻敲模式(tapping mode)。首先通过显微镜在块煤光片或粉煤光片中标定特定显微组分,再利用原子力显微镜进行原位测试。将原煤切割成 10mm×10mm×3mm 的薄片,保证样品的厚度尽可能均匀,并抛光观察面。通过 NanoScope Ⅴ Version 7.20 分析处理软件,对扫描图进行处理,同时可直观得到关于表征样品结构的相关参数。本测试是在清华大学摩擦学国家重点实验室完成的。

第 5 章　树皮煤(体)的基本特征

组成煤的基本有机元素有碳、氢、氧、氮和硫，这些元素在煤形成和演化过程中的变化不同，van Krevelen[1]已经描述了 H/C 原子比和 O/C 原子比随煤级升高的变化特征。随着煤级的升高，氧含量和氢含量在减少，而相应的碳含量在增加。煤中的硫分为有机硫和无机硫（黄铁矿硫和硫酸盐硫等)，通常，黄铁矿和有机硫是主要的形式。美国煤中全硫含量变化范围为 0.1%～10%[197]，而在我国煤炭保有储量和资源量的硫分平均含量为 1.32%[198]。依据全硫(干燥基)的含量，中国煤中硫分为超低硫、低硫、低中硫、中硫、中高硫和高硫六个等级(《煤炭质量分级　煤炭灰分级》GB/T 15224—1994)。对于烟煤和无烟煤，超低硫、低硫、中硫、中高硫和高硫煤中的全硫含量界定分别为<0.5%、0.5%～0.9%、0.9%～1.5%、1.5%～3%和>3%。

5.1　化学组成特征

5.1.1　树皮煤(体)的化学组成

Hsieh(谢家荣)[125]早已发现了乐平地区树皮煤具有高挥发分和低水分含量的特点，而这有别于一般的腐植煤，并用三角图做出了说明(图 5-1)。同时指出树

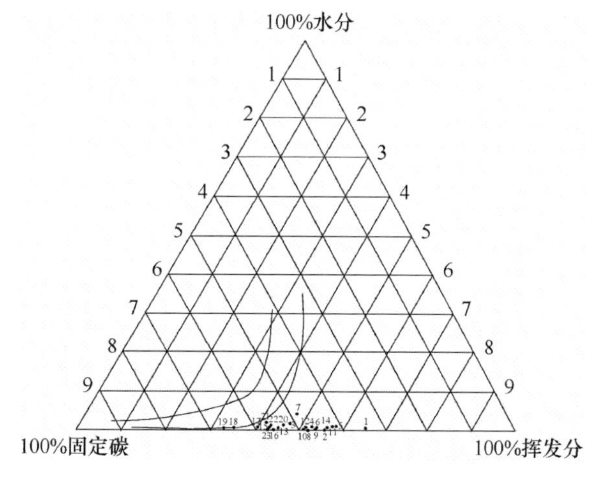

图 5-1　乐平煤工业分析结果的三角图[134]

Fig. 5-1　The triangle of proximate analysis of Leping coal

皮煤的硫含量也很高。本书通过采样分析,并整理了过去的大量研究成果,整理汇总了树皮煤的工业分析和元素分析数据,见表 5-1。

表 5-1　树皮煤的基本数据表

Table 5-1　Basic data of bark coal

参考文献	样品代号/煤田	工业分析(质量分数)/%			元素分析(daf 质量分数)/%			
		M_{ad}	A_d	V_{daf}	C	H	S_t	S_o
Hsieh[125]	Loping	0.47	3.74	65.47	—	—	2.06	—
	Loping/Sdistrict	0.47	10.40	52.87	—		3.333	—
	Loping/Sdistrict	0.93	26.46	48.19	—	—	5.801	—
	Tungchuanchang/Loping	0.31	13.64	53.36	—	—	2.585	—
	Tungchuanchang/Loping	0.43	7.83	58.53	—	—	3.874	—
	Tungchuanchang/Loping	0.41	10.76	54.61	—	—	2.679	—
	Yungwulhang/Loping	0.56	10.10	56.21	—	—	2.481	—
	Yungwulhang/Loping	0.65	5.28	54.42	—	—	3.207	—
	Yungwulhang/Loping	0.56	14.36	51.83	—	—	2.228	—
	Yungwulhang/Loping	0.20	12.79	57.64	—	—	4.49	—
	Yungwulhang/Loping	0.47	7.72	51.91	—	—	2.214	—
	Yungwulhang/Loping	0.72	19.68	45.96	—	—	2.784	—
	PuloCo/Loping	1.00	9.19	56.62	—	—	4.83	—
	Niuling/Chingsien	0.24	13.39	44.17	—	—	—	—
	KwangtaCo/Tayuanlin	0.70	21.56	35.97	—	—	9.19	—
	Taotzeling/Yukan	0.33	14.32	46.97	—	—		—
	Chulowa	0.40	12.29	50.72	—	—	—	—
	Kwanshanling/Loping	0.44	8.08	33.92	—	—	1.88	—
	Szemotum/Loping	0.65	25.77	47.15	—	—	—	—
	Szemotum/Loping	1.78	28.04	42.97	—	—	—	—
	Szemotum/Loping	0.82	28.65	43.71	—	—	—	—
	KwanhsingCo/Loping	0.50	23.47	43.60		—	—	—
颜跃进等[188]	C_{13}/桥头丘	1.67	27.98	38.48	82.91	5.54	3.58	0.69
	C_{12}/桥头丘	1.34	23.04	41.11	79.10	5.85	4.63	1.33
	C_{11}/鸣山	1.79	42.93	39.80	71.43	4.81	7.28	—
	C_{10}/鸣山	2.09	31.55	42.15	76.10	5.21	6.05	—
	C_9/鸣山	2.03	31.92	38.82	78.28	4.76	6.59	1.79
	C_8/鸣山	1.56	36.05	41.00	72.05	4.85	9.21	1.12

续表

参考文献	样品代号/煤田	工业分析(质量分数)/%			元素分析(daf 质量分数)/%			
		M_{ad}	A_d	V_{daf}	C	H	S_t	S_o
颜跃进等[188]	C_7/鸣山	1.47	33.39	39.93	74.36	4.78	7.70	1.35
	C_6/鸣山	1.43	26.92	38.90	76.03	4.77	8.45	1.40
	C_5/鸣山	1.30	30.89	41.60	77.82	5.34	6.14	1.47
	B_4/鸣山	1.35	33.23	53.52	77.64	6.02	9.16	—
	B_3/鸣山	1.27	19.61	48.70	80.86	6.14	3.31	1.82
	B_3/汇源岭	0.87	26.50	49.62	85.14	6.54	2.56	0.96
	B_4/钟家山	1.19	25.02	35.21	84.73	7.17	2.19	—
	B_3/钟家山	1.14	28.17	38.27	81.98	6.54	3.52	—
	B_2/钟家山	1.00	31.00	35.78	80.00	7.64	2.02	—
	B_3/桥头丘	1.18	23.64	45.56	82.61	5.86	4.50	1.03
	B_2/桥头丘	1.23	27.54	41.57	83.09	5.90	3.80	2.27
	B_1/桥头丘	1.14	19.32	41.50	84.97	6.32	2.88	1.33
Guo 等[64]	乐平	1.1	16	53	78	6.2	1.8	—
	长广	1.0	25	50	79	6.3	5.2	—
Querol 等[146]	B_3(1)/乐平	0.98	8.41	52.37	81.05	6.27	1.31	—
	B_3(2)/乐平	0.90	19.39	50.62	82.06	6.16	1.41	—
	B_3(3)/乐平	0.78	4.87	39.33	75.73	5.34	2.84	—
	B_3(4)/乐平	1.29	8.37	47.67	78.86	5.80	1.38	—
	B_3(1)/乐平	0.95	9.03	58.47	82.36	6.82	1.09	—
	C_{13}(1)/乐平	1.00	9.64	52.37	81.05	6.27	4.85	—
	C_{13}(2)/乐平	1.04	8.76	50.62	82.06	6.16	3.47	—
	C_{13}(3)/乐平	1.57	27.84	39.33	75.73	5.34	3.90	—
	C_{13}(4)/乐平	1.19	13.91	47.67	78.86	5.80	4.51	—
Wang 等[149, 165~167]、王绍清[199]、苏育飞[190]、姜迪[193]	LP/乐平	0.64	17.99	56.03	76.21	6.13	11.79	4.68
	LP-2/乐平	0.62	7.54	53.29	80.40	6.00	2.64	2.39
	LP-4/乐平	0.54	14.16	57.51	78.87	6.36	6.54	2.95
	LS-4/乐平	1.58	23.06	37.85	82.04	5.20	1.57	0.92
	LS-5/乐平	1.54	21.58	39.19	80.13	5.20	3.53	0.93
	LS-6/乐平	1.52	20.69	38.62	81.87	5.41	3.02	0.92
	LS-7/乐平	1.59	19.84	38.27	80.40	5.48	4.17	1.24
	LS-8/乐平	1.56	26.45	40.36	80.00	5.33	2.26	0.96

续表

参考文献	样品代号/煤田	工业分析(质量分数)/%			元素分析(daf质量分数)/%			
		M_{ad}	A_d	V_{daf}	C	H	S_t	S_o
Wang等[149,165~167]、王绍清[199]、苏育飞[190]、姜迪[193]	LS-9/乐平	1.59	19.63	35.98	82.88	4.99	1.69	0.95
	LS-10/乐平	1.62	21.92	35.04	82.61	5.02	2.05	0.96
	LS-11/乐平	1.68	19.61	35.02	83.53	5.26	1.26	0.94
	LS-12/乐平	1.38	12.51	47.37	80.75	5.82	1.99	1.53
	LS-13/乐平	0.95	9.97	42.82	82.88	6.36	2.54	—
	LS-14/乐平	0.90	15.69	43.61	82.24	6.40	4.08	—
	LS-15/乐平	0.66	17.71	46.97	77.42	5.48	3.80	—
	LS-16/乐平	0.88	19.29	41.44	71.82	5.70	2.51	—
	LS-17/乐平	1.38	12.51	47.37	80.75	5.82	—	1.53
	DS-1/大河边	1.08	9.88	40.56	83.46	6.08	2.36	—
	DS-2/大河边	1.19	12.50	33.08	84.73	5.39	2.52	—
	DS-3/大河边	1.03	14.03	33.61	83.57	5.31	2.48	—
	DHB/大河边	1.72	10.52	40.48	82.16	6.00	2.35	1.05
	DHB-3/大河边	1.12	9.00	44.24	81.68	6.15	1.39	—
	DHB-6/大河边	1.05	10.87	37.99	86.52	5.85	3.49	—
	CG/长广	0.23	16.52	49.75	81.12	6.34	5.76	1.88
	CS-3/长广	0.34	14.54	44.80	83.34	6.23	4.74	2.48
	CS-5/长广	0.29	17.36	48.86	84.74	6.17	4.13	2.54
	D407-13/大河边	1.28	15.74	39.99	82.95	5.41	0.51	—
	Y19-1/月亮田	1.79	36.02	26.30	—	5.58	0.43	—
	WJZ3-3/汪家寨	1.29	48.33	39.21	77.68	6.12	1.10	—
	LP5-1/乐平	0.89	7.10	55.71	88.05	6.70	1.31	—
Vorres[200]	APCS #3	7.97	15.48	47.39	77.67	5.00	—	2.38
	APCS #4	1.65	9.25	41.67	83.20	5.32	—	0.89
	APCS #6	4.63	4.71	48.11	80.69	5.76	—	0.37
	APCS #7	2.42	19.84	37.64	82.58	5.25	—	0.65

注：M代表水分；A代表灰分；V代表挥发分；C代表碳；H代表氢；S_t代表全硫；S_o代表有机硫；下角ad代表空气干燥基，d代表干燥基，daf代表无水无灰基；“—”代表无数据；APCS为Argonne Premium coal sample的缩写。

从表5-1中可以得出，树皮煤的化学组成具有如下特点：

(1) 氢含量高，H/C原子比高。树皮煤的氢含量绝大部分都高于5.0%(无水无灰基)，H/C原子比在0.80以上。韩德馨等[126]研究了浙江长广煤田树皮残植煤的成因及其沉积环境时，发现本区树皮体含量达80%以上的树皮残植煤氢含量可达7.11%。而相比于Iglesias[69]的结果，树皮煤的氢含量和H/C原子比几乎与之相等。

(2) 挥发分含量高。从表5-1中可以得出，虽然树皮煤所处的煤级为烟煤阶段，但树皮煤的挥发分产率绝大部分都大于37%(无水无灰基)。而且，树皮煤的最高挥发分产率高于富含镜质组煤。Hsieh(谢家荣)[125]指出，树皮煤的挥发分产率与普通的腐植煤不同。

(3) 硫含量高。树皮煤的全硫含量绝大部分大于2.0%(无水无灰基)，其以有机硫占绝对优势[127, 188]。

5.1.2　树皮体与其他组分化学组成对比

在相同煤级条件下，树皮体的化学组成数据见表5-2，并与镜质体进行了比较。从表5-2中可以得出，树皮体(纯度>95%)的氢含量的范围为6.91%～7.96%(无水无灰基)，H/C原子比为1.02～1.26，其挥发分产率范围为62.16%～79.25%(无水无灰基)。戴和武等[127]研究乐平煤物理化学特性发现，树皮体(纯木栓质体)的挥发分可高达73.5%，而氢含量也达7.60%。在周师庸[144]的《应用煤岩学》中，引用史美仁[201]的研究结果，指出乐平暗煤(七厂)树皮体(树皮)的氢含量为6.90%。

表5-2　同一煤级树皮体和镜质体的元素组成

Table 5-2　Elemental composition of Barkinite and Vitrinite at the same rank

参考文献	煤田/煤矿	显微组分	煤级	V_{daf}/%	H_{daf}/%	H/C*	组分纯度/%
戴和武等[127]	江西乐平鸣山	树皮体	hvb	73.50	7.60	1.15	—
韩德馨等[29]	江西乐平鸣山	树皮体	hvb	73.50	7.56	1.14	97.2
韩德馨等[29]	江西乐平钟家山	树皮体	hvb	49.80	6.90	0.95	—
韩德馨等[29]	贵州老屋基	树皮体	hvb	49.22	6.58	0.93	75
Sun[142]	贵州水城	树皮体	hvb	79.25	7.96	1.26	>95
Sun[142]	江西乐平鸣山	树皮体	hvb	71.32	7.73	1.16	>95
颜跃进等[188]	江西乐平鸣山	树皮体	hvb	—	7.42	1.12	>96
颜跃进等[188]	江西乐平钟家山	树皮体	hvb	—	7.20	1.19	—
Wang等[168]	江西乐平鸣山	树皮体	hvb	62.16	6.91	1.02	>96
Sun[142]	江西乐平鸣山	镜质体	hvb	38.61	5.49	0.79	—
Sun[142]	贵州水城	镜质体	hvb	45.78	5.77	0.86	—
颜跃进等[188]	江西乐平鸣山	镜质体	hvb	—	5.78	0.87	>96
颜跃进等[188]	江西乐平钟家山	镜质体	hvb	—	5.81	0.90	—
Wang等[168]	江西乐平鸣山	镜质体	hvb	43.78	5.80	0.81	>96

注：V代表挥发分，H为氢，H/C为原子比，下角daf为无水无灰基，hvb为高挥发分烟煤。

韩德馨等[29]和陈鹏[27]都对树皮体的工业分析和元素分析结果进行了总结。表 5-3 也对比了树皮体和稳定组部分显微组分的工业分析和元素分析结果。从表 5-3中可以看到,大部分树皮体的氢含量都低于稳定组的其他显微组分。

表 5-3 树皮体和一些稳定组显微组分工业分析和元素分析对比

Table 5-3 The comparison of proximate and ultimate analysises of Barkinte and others exinite macerals

资料来源	产地	显微组分	V_{daf}%	H_{daf}/%	H/C	显微组分纯度/%
戴和武等[127]	江西乐平鸣山 B_3 煤层	纯树皮体（木栓质体）	73.50	7.60	1.146	—
韩德馨等[29]	江西乐平鸣山 B_3 煤层	树皮体	73.50	7.56	1.140	97.2
韩德馨等[29]	江西乐平钟家山	树皮体	49.80	6.90	0.950	—
韩德馨等[29]	贵州盘县老屋基	树皮体	49.22	6.58	0.928	75
Sun[142]	贵州水城	树皮体	79.25	7.96	1.26	>95
Sun[142]	江西乐平	树皮体	71.32	7.73	1.16	>95
韩德馨等[29]	辽宁抚顺西露天矿	树脂体	99.01	10.10	1.501	—
韩德馨等[29]	山西浑源	藻类体	68.61	10.92	1.655	61
韩德馨等[29]	山西蒲县东河	藻类体	54.38	8.08	1.122	68
韩德馨等[29]	云南华坪白沙坪	角质体	83.48	9.34	1.592	86
韩德馨等[29]	四川攀枝花大麦地	角质体	60.93	8.00	1.265	74
韩德馨等[29]	山西轩岗	孢子体	64.80	7.84	1.091	—
韩德馨等[29]	山东兖州兴隆庄	孢子体	66.84	7.30	1.058	—

5.2 煤岩学特征

5.2.1 树皮煤的光学特征

Hsieh(谢家荣)[125]首次描述了乐平地区树皮煤的煤岩特征,指出树皮煤宏观煤岩特征是暗淡色且致密状。其显微煤岩特征:纵切面由不透明、半透明和透明组织交替组成。有矩形砖状细胞结构出现,细胞组织呈现黄色、褐色和红褐色。任德贻等[136]也研究了乐平煤的煤岩特征,发现其树皮体局部可见叠瓦状、鳞片状结构。此后,对乐平地区、长广地区和水城地区树皮煤的宏观煤岩特征研究[141, 152],也表明其宏观煤岩特征是呈暗淡色且致密状。宏观煤岩成分主要由亮煤和暗煤组成,宏观煤岩类型主要以半暗煤和暗淡煤为主。

对华南晚二叠世树皮煤的煤岩特征研究[29, 126, 132~136, 138, 139, 141, 142, 152],可以得

到以下认识：

(1) 在光学显微镜下，树皮体的颜色比同期的镜质组的颜色暗，而与稳定组的颜色类似。

(2) 一般而言，树皮体呈锯齿状。在显微镜下，可见到不同形状的树皮体。Sun[143]研究贵州水城大河边煤层中树皮煤的树皮体煤岩特征时，将树皮体按形态分为四种类型：厚型、锯齿型、环型和无结构型。并指出四种类型与形成环境有关，其中前三种可能与镜质组形成条件相似，而无结构型树皮体可能与惰屑体的形成条件相似(弱氧化成煤条件)。此外，树皮体呈类似周皮组织形状[139]。

(3) 树皮体常常呈单层、多层或环形出现。树皮体的厚度从一层到多于十层均有出现，且每个煤植体(phyterals)有几厘米长[139]。Sun[142]也指出，华南晚二叠世树皮体的长度和厚度分别为 $0.8\times10^3\sim1.2\times10^4\mu m$ 和 $14\sim60\mu m$。

(4) 树皮体的细胞壁和细胞充填物之间没有明显的界限，且树皮体常与凝胶碎屑体、半丝质体、丝质体和惰屑体共生[139, 143]。

(5) 树皮体有明显的亮黄色荧光现象。Zhong 等[139]观察得到，当镜质体随机反射率为 0.6%时，树皮体的荧光强度最强，而反射率至 1.10%时，其荧光强度最弱。Sun[142]也指出在镜质体随机反射率为 0.6%～0.80%时，树皮体有强的橙黄-亮黄荧光，反射率低于 0.90%时，树皮体仍有很强的荧光性，但当反射率为 1.20%～1.30%时，树皮体的荧光强度消失。

Zhong 等[139]和 Sun [142]详细分析了树皮体与木栓质体和角质体的煤岩学特征的区别。其区别点主要集中在以下几点：

(1) 木栓质体仅指木栓质化的细胞壁，而不包括细胞充填物，且细胞壁和细胞充填物之间有明显的界限。而树皮体既包括细胞壁，也包括细胞充填物，且二者之间没有明显界限。

(2) 大部分木栓质体在镜质组反射率为 0.50%时的荧光就消失了[202]。而树皮体在反射率为 0.60%～0.80%时有强亮黄-橙色荧光，而直到反射率为 1.20%～1.30%时，大部分树皮体的荧光性才消失。

(3) 木栓质体在中国南方的三叠纪和北方的中生代中均有分布，而树皮体主要集中在中国南方晚二叠世的龙潭组和北方的早二叠世煤中。

(4) 角质体只有单层出现，而树皮体不但有单层，也能多层出现。

(5) 在相同成熟度条件下，角质体的荧光强度高于树皮体。

(6) 在中国煤中，树皮体的单层厚度要厚于角质体。

沈金龙[172]对树皮体模拟固态产物进行了显微特征鉴定。孙旭光等[159, 175]分别对含树皮体煤和树皮体不同热模拟温度下的光性演化特征进行了描述，其光性特征包括反射色、荧光色、气孔量、形态等。树皮体在 370℃有少量气孔出现，420℃时气孔大量增加，其荧光消失。至 500℃时，树皮体形态消失，样品布满气孔。同时指出，树皮体的光性特征演化能够较灵敏地反映油气生成过程。

此外，有关树皮体和镜质组之间是否存在过渡现象也得到了注意。Zhong 等[139]总结指出华南晚二叠世煤中，树皮体和镜质组之间没有发生过渡现象。张井等[152]研究乐平和长广地区煤时，依据部分树皮体的原始形状消失，而其黑色变成浅灰色，且反射率增加等特征，推断树皮体向镜质组发生了过渡。Sun 等[186]通过对邢台矿区 2 层煤的煤岩特征研究，也发现了树皮体和镜质组过渡的现象。并分析之所以发生过渡现象，可能与树皮体形成过程中发生的凝胶化作用有关。

通过对乐平地区、长广地区和大河边地区的树皮煤研究，分析了树皮煤显微组分和矿物的特征。图版图 1～图 22 展示了正常白光和蓝光下，光学显微镜拍摄的树皮体、孢子体等组分和矿物的照片。在白光条件下，树皮体的特征如图版图 1～图 3 所示。而蓝光激发下，树皮体的荧光特征如图版图 9～图 24 所示，孢子体的荧光特征如图版图 17 和图 19 所示。丝质体特征如图版的图 4 所示。矿物种类和特征如图版图 4～图 8 所示。

稳定组在蓝光激发下呈绿黄色—亮黄色—橙黄色—褐色荧光，因树皮体为稳定组的一种显微组分，所以其荧光色与其他稳定组分的颜色相近，需从形态区分。孢子体呈压扁的环形，封闭，易与树皮体相区分(图版图 17 和图 19)。角质体在垂直层理的切面中呈条带状，有时可见外缘平滑、内缘锯齿状的形态，其细胞壁宽度与树皮体相比一般较小，有时可见折线状的薄壁角质体，其宽度仅为几微米(图版图 25)，这都易于与树皮体区分。有时角质体宽度达 50μm 以上，为厚壁角质体(图版图 26)，锯齿形态不明显，其难以与树皮体区分，但其荧光色较树皮体强[138]，发绿黄色。角质体在水平切面上显示细胞结构(图版图 27)，形态以四角形、多角形为主，与树皮体细胞形态有一定的类似。但在横向切面上，树皮体周皮细胞呈径向排布，维管束细胞整体呈环形，角质体不具备此特征。树脂体的圆形、椭圆形形态和渗出沥青质体的楔形形态(图版图 28)，都易与树皮体区分。木栓质体在荧光下可呈绿黄色、黄色(图版图 29 和图 30)，细胞壁与胞腔(中空时呈黑色)颜色差异较大，易于与树皮体区分。荧光体以很强的绿黄色、亮黄色荧光粒状、油滴状的形态与树皮体区分[203]。

5.2.2 树皮体的分类

阎峻峰等[135]根据乐平地区树皮煤的煤岩鉴定结果，把树皮产状归纳为三类：

(1) 全部由树皮组成，其他显微组分几乎完全消失。

(2) 树皮数量减少，且形状呈碎块状，有规律地浸沉于不透明的丝炭化基质中。

(3) 树皮为次要成分，大多呈带状夹在凝胶化或丝炭化基质中。

据此三种树皮的产状，又将其分为三种显微煤岩种类：①树皮煤；②树皮暗煤；

③树皮亮煤质暗煤或树皮暗煤质亮煤。韩德馨等[126]研究浙江长广煤田C煤层的树皮残植煤时，按照解剖结构的不同，将树皮体分为：①最常见的茎部或根部的木栓组织；②木栓化的细根；③属于有细根穿过的根部木栓组织。马兴祥[138]依据树皮体(根皮体)在显微镜下的不同形态和保存方式等因素，把树皮体分为七种类型，即单层型、多层型、多层环状型、侧根伸出型、胞腔中空型、高降解型和特殊型。陈其奭等[132]研究乐平煤的成因及成煤物质时，根据树皮体在植物株上的部位，将树皮体分为茎皮体和根皮体两种亚组分。而从形态上分为条带状和碎片状。按结构分为单层型、多层型和多层环带型。Sun[143]把树皮体的形态归结为四类。

通过对鸣山矿区的典型树皮体的研究，按照其物理形态特征，可以分为五种类型：宽厚型、条带型、环形、弯曲型和碎片型。宽厚型的树皮体往往呈多层状，细胞结构明显，有很强的荧光强度(图版图31(a)和(b))。条带型树皮体的宽度没有宽厚型树皮体宽，具有典型的锯齿状特征，常呈单一层，也具有很强的荧光强度(图版图31(c))。环形树皮体看起来像个环状，具有明显的细胞结构和很强的荧光强度(图版图31(d))。弯曲型树皮体具有一定的弯曲形状和较强的荧光强度，有时也具有明显的锯齿状结构(图版图31(e))。碎片状树皮体没有固定形态，也没有典型的细胞结构(图版图31(f))。

5.2.3　显微组分含量

对树皮煤的研究已经持续了八十余年，本书在搜集大量树皮煤的数据基础上，结合本课题组的研究，整理了典型树皮煤地区，即乐平地区的树皮煤的数据(表5-4)。从表5-4中可以看出，乐平地区树皮煤中镜质组、惰质组和稳定组的含量变化范围分别为5.0%～73.3%、3.1%～47.0%和1.5%～91.0%(无矿物基)。从表5-4中可以进一步看出，树皮煤显微组分组成最典型的特征之一是稳定组组分含量高，主要是树皮体，其含量变化范围为0.7%～80.6%(无矿物基)。

表5-4　典型地区树皮煤显微组分组成含量

Table 5-4　Maceral content of bark coal from some typical areas

参考文献	样品/煤田	显微组分(dmmf,体积分数)/%				R_o/%
		镜质组	惰质组	稳定组	树皮体	
颜跃进等[188]	B_3/鸣山	39.3	17.2	43.5	37.3	0.65
	B_3/鸣山	13.7	4.3	82.0	81.2	—
	B_3/鸣山	53.4	14.8	31.8	27.2	—
	B_3/鸣山	44.3	3.1	52.6	51.1	—
	B_3/鸣山	18.4	7.9	73.7	71.7	—
	B_3/鸣山	36.3	3.6	60.1	60.1	—

续表

参考文献	样品/煤田	显微组分(dmmf,体积分数)/%				R_o/%
		镜质组	惰质组	稳定组	树皮体	
颜跃进等[188]	B_3/鸣山	24.7	5.7	69.6	69.4	—
	B_3/鸣山	27.3	3.7	69.0	68.1	—
	B_3/汇源岭	42.2	14.6	43.2	35.0	—
	B_3/桥头丘	45.5	8.6	45.9	43.6	—
	B_2/桥头丘	56.8	11.3	31.9	29.6	0.72
	B_2/桥头丘	21.3	19.8	58.9	51.4	—
	B_4/关木岭	39.6	6.6	53.8	36.3	—
	B_4/关木岭	29.4	4.0	66.6	61.2	—
	B_4/关木岭	26.7	6.4	66.9	60.7	—
	B_4/关木岭	28.0	6.7	65.3	55.3	—
	C_{10}/鸣山	61.7	14.4	23.9	—	—
	C_9/鸣山	55.8	23.3	20.9	—	—
	C_8/鸣山	52.7	20.9	26.4	—	—
	C_{13}/桥头丘	38.5	25.5	35.9	28.7	0.73
	C_{12}/桥头丘	56.3	17.4	26.3	23.7	—
	C_{12}/桥头丘	42.9	30.0	27.1	9.4	—
	C_{12}/桥头丘	38.5	21.5	40.0	37.6	—
Querol 等[146]	$B_{3\text{-}1}$/鸣山	17.4	11.0	71.6	71.0	—
	$B_{3\text{-}2}$/鸣山	25.6	9.8	64.6	63.4	—
	$B_{3\text{-}4}$/鸣山	49.0	9.0	42.0	40.6	—
	$C_{13\text{-}1}$/鸣山	24.2	23.6	52.2	49.6	—
	$C_{13\text{-}3}$/鸣山	39.4	47.4	13.2	6.4	—
吴俊[141]	B_3/鸣山	5.0	4.0	91.0	80.0	0.68
Guo 等[64]	乐平	27.8	5.2	67.0	67.0	0.77
Sun[65]	乐平	27.3	15.7	56.9	49.5	0.75
王绍清[199]、苏育飞[190]	$B_{3\text{-}1\text{-}1}$/鸣山	49.0	40.7	10.3	4.1	—
	$B_{3\text{-}1\text{-}2}$/鸣山	61.6	26.0	12.4	5.6	—
	$B_{3\text{-}1\text{-}3}$/鸣山	67.1	23.0	9.9	1.8	—
	$B_{3\text{-}1\text{-}4}$/鸣山	58.5	31.2	10.3	4.0	—
	$B_{3\text{-}1\text{-}5}$/鸣山	73.3	19.4	7.3	2.4	—
	$B_{3\text{-}1\text{-}6}$/鸣山	72.7	19.8	7.5	3.0	—

续表

参考文献	样品/煤田	显微组分(dmmf,体积分数)/%				R_o/%
		镜质组	惰质组	稳定组	树皮体	
(王绍清[199]、苏育飞[190])	B_{3-1-7}/鸣山	64.6	30.9	4.4	0.9	—
	B_{3-1-8}/鸣山	49.0	34.3	16.7	3.1	—
	B_{3-1-9}/鸣山	66.8	31.7	1.5	0.7	—
	B_{3-1-10}/鸣山	36.6	47.0	16.5	2.2	—
	B_{3-1-11}/鸣山	39.7	20.4	39.9	31.7	—
	B_{3-1-12}/鸣山	32.5	40.2	27.2	22.6	—
	B_{3-1-13}/鸣山	24.6	13.7	61.6	49.7	—
	B_{3-1-14}/鸣山	31.3	13.6	55.1	40.4	—
	B_{3-1-15}/鸣山	37.6	21.4	41.0	32.6	—
	B_{3-1-16}/鸣山	44.7	26.3	29.0	28.2	—
	B_{3-1-17}/鸣山	66.8	31.2	1.9	1.7	—
	B_{3-2-1}/鸣山	34.2	10.3	55.6	51.7	0.76
	B_{3-2-2}/鸣山	64.5	7.2	28.2	19.9	0.72
	B_{3-2-3}/鸣山	40.0	10.0	50.0	48.0	—
	B_{3-2-4}/鸣山	15.0	3.5	81.4	80.6	0.67
	B_{3-2-5}/鸣山	39.2	13.2	47.6	45.6	0.72
	B_{3-3-1}/鸣山	64.1	25.5	10.5	4.0	—
	B_{3-3-2}/鸣山	30.4	14.9	54.7	52.4	—
	B_{3-3-3}/鸣山	23.3	12.1	64.6	62.6	—
	B_{3-3-4}/鸣山	27.9	9.8	62.2	60.8	—
	B_{3-3-5}/鸣山	23.8	7.8	68.4	67.3	—
	镜质组	70.9	2.4	26.7	25.3	—
	树皮体	3.4	0.6	96.0	94.6	—

注:dmmf 代表无水无矿物基。

5.2.4　矿物特征

对采集的样品进行显微镜观察可以看到,煤中常见的矿物有黄铁矿、黏土矿物、方解石、石英等,其中以黄铁矿和黏土为主,局部可见赤铁矿。通过显微镜定量分析矿物含量,其含量在 2.5%~27.2%,一般小于 10%[188]。据颜跃进等[188]对乐平地区树皮煤的研究发现,在煤层中,肉眼可见黄铁矿结晶和结核,晶体多呈分散状分布,结核大小不等,2~60mm,且多顺层断续分布。在同一煤层,上半部黄铁矿多于下半部。对于不同煤层,C煤层黄铁矿多于B煤层。有时在节理面上可以见到方解石薄膜产出。通过显微镜观察,颜跃进等[188]描述如下:

(1) 常见的黄铁矿有三种类型,草莓状黄铁矿分散或集中分布于凝胶碎屑体中,团块状黄铁矿和晶形完好的黄铁矿星散分布于煤中,有时自形晶黄铁矿与树皮体镶嵌,或者被角质、孢子包围,局部可见似球状黄铁矿呈似层状分布,偶尔可见充填于胞腔中。

(2) 黏土矿物多呈浸染状分布于凝胶碎屑体中,多呈团块状、透镜状分布,有时富集成黏土矿物细层,或充填于细胞腔中。

(3) 石英为他形微粒状自生矿物,星散状分布,少数为碎屑状零星分布于黏土中。

(4) 方解石多呈团块状零星分布,或呈脉状充填于微裂隙中(后生)。

5.2.5　力学性能特征

据颜跃进等[188]研究乐平地区的树皮煤发现,树皮煤总体特点是硬度半坚硬-坚硬,具有韧性,内生裂隙不发育,少数煤分层呈片状可以剥离,用火柴即可点燃。燃烧时,焰长烟浓,具有沥青味,密度较小,一般B煤组(TRD)为1.29～1.69/1.45g/cm^3,C煤组为1.32～1.64/1.47g/cm^3。重度情况为:B煤组为1.19×10^{-4}～$1.71\times10^{-4}/1.39\times10^{-4}$ N/cm^3,C煤组为1.27×10^{-4}～$1.72\times10^{-4}/1.54\times10^{-4}$N/cm^3。

戴和武等[127]研究表明,乐平树皮煤的纯比重显著低于一般烟煤。乐平树皮煤的纯煤密度(dch)均小于1.30g/cm^3,尤其是鸣山矿的B_3煤层和桥头丘矿的B_2煤层,dch值均低至1.18g/cm^3,这比焦煤的真密度(平均1.25g/cm^3)低很多。乐平树皮煤的可磨性指数也低于一般烟煤,其数值为33～60。这些性质都与树皮体的比重小、韧性大、抗磨性强等特征有关。

据颜跃进等[188]研究乐平地区树皮煤的灰分得到,B煤组各主要可采煤层原煤灰分一般小于25%(干燥基),为中-低灰煤为主。C煤组煤层原煤灰分普遍高于B煤组,一般大于25%(干燥基)。经过1.4比重液洗选后的浮煤,灰分可明显降低,但仍有部分灰分已经不能降到10%以下,这与煤中矿物质的种类和赋存状态有关。戴和武等[127]研究表明,乐平树皮煤的煤灰组成以SiO_2最多,其次是Al_2O_3。由于煤中的黄铁矿硫普遍较高,所以其煤灰组成中的Fe_2O_3含量也较高,CaO和MgO含量很低。因此,乐平树皮煤的煤灰熔点普遍较高,软化温度均高至1350～1500℃,属于难熔和不熔灰。

5.3　有机地球化学特征

本节选择树皮煤、分离的树皮体和镜质体分析树皮煤(体)的有机地球化学特征。

5.3.1　岩石热解分析和总有机碳

样品的岩石热解参数结果如表 5-5 所示，这些参数包括游离烃量(S_1)、热解烃量(S_2)、氢指数(HI)和 S_2 达到峰值时的温度(T_H)。树皮煤 LP5-1、镜质体和树皮体的总有机碳(TOC)的质量分数分别为 69.54%、80.73%和 76.38%，其相应的 S_1+S_2 的值分别为 248.82mg/g、246.27mg/g 和 475.73mg/g，由此可以得出，树皮体的 S_1+S_2 值最高。三个样品均具有高的 TOC 和 S_2 值，表明这些样品具有良好的生烃潜能，与前人研究中的结果一致[142,155]。HI 值在树皮体中最高(607.0mg HC/g TOC)，其次是树皮煤 LP5-1(346.1mg HC/g TOC)，而镜质体最低(297.1mg HC/g TOC)。树皮煤 LP5-1、镜质体和树皮体的 T_H 值分别是 439℃、436℃和 439℃。

表 5-5　样品的岩石热解参数

Table 5-5　Some parameters derived from Rock-eval of samples used

样品	T_H/℃	S_1/(mg/g)	S_2/(mg/g)	TOC/%	HI/(mg HC/g TOC)
LP5-1	439	8.17	240.65	69.54	346.1
镜质体	436	6.41	239.86	80.73	297.1
树皮体	439	12.07	463.66	76.38	607.0

5.3.2　树皮煤(体)有机质类型

1. 干酪根类型

按照 van Krevelen 样式图，干酪根被分为三种类型[204]。为了表明树皮煤(体)的有机质类型，两个干酪根类型分布样式被引用：HI-T_{max}[205]和 S_2-TOC[206]。其相应的图形见图 5-2 和图 5-3。在 HI-T_{max}图上可以看出，树皮煤 LP5-1 位于Ⅱ型干酪根区域内，树皮体靠近Ⅰ、Ⅱ型干酪根分界线，而镜质体为Ⅱ-Ⅲ型干酪根。在 S_2-TOC 图上，也得到类似的结果。

2. H/C 原子比和 O/C 原子比图

图 5-4 是树皮煤(体)的 H/C 原子比和 O/C 原子比图，从图 5-4 中可以得到，树皮煤(体)的所有点都位于Ⅱ-Ⅲ型干酪根之上，其最高的数据点位于Ⅰ-Ⅱ型干酪根之间。张爱云等[133]通过树皮煤的生油潜力推测树皮体的有机质类型应为Ⅰ-Ⅱ型干酪根。

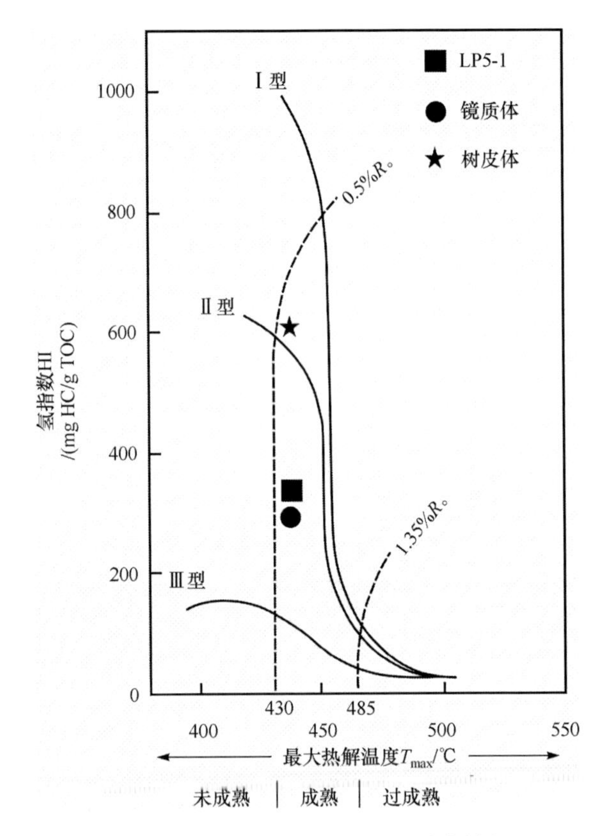

图 5-2　在图 HI-T_{max} 中样品的分布特征

Fig. 5-2　Distribution of the samples used into an HI-T_{max} plot

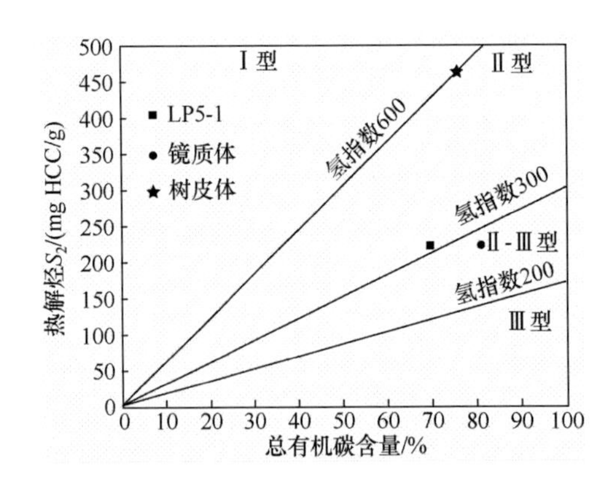

图 5-3　在 S_2-TOC 图中样品的分布特征

Fig. 5-3　Distribution of the samples used into an S_2-TOC plot

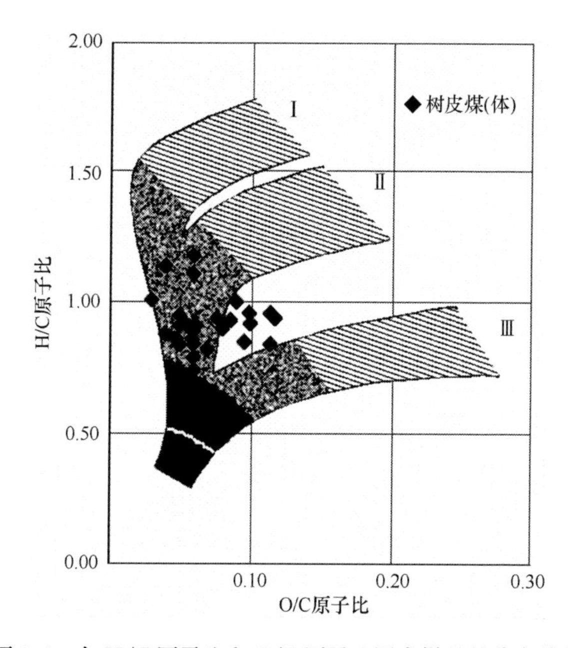

图 5-4　在 H/C 原子比和 O/C 原子比图中样品的分布特征

Fig. 5-4　Distribution of the samples used into an H/C and O/C plot

5.3.3　树皮煤的成熟度

为研究树皮煤(体)的成熟度，表 5-6 列出了一些相应的参数。这些参数包括镜质体平均最大反射率(R_o)、热解烃量(S_2)达到峰值时的温度(T_H)、PI 值($S_1/(S_1+S_2)$)、20S/(20S+20R)甾烷率和 22S/(22S+22R)升藿烷率。

表 5-6　表征样品的 Rock-Eval 和地化数据

Table 5-6　Rock-Eval and other geochemistry parameters on the maturity of the samples

参数	LP5-1	镜质体	树皮体
R_o/%	0.69	0.69	0.21
PI：$S_1/(S_1+S_2)$	0.033	0.026	0.025
T_H/℃	439	436	439
20S/(20S+20R)甾烷率	0.396	0.475	0.469
22S/(22S+22R)升藿烷率	0.592	0.604	0.593

注：20S/(20S+20R)甾烷率(sterane ratio)代表 C_{29}(aaa(20S))/(C_{29}(aaa(20S))+C_{29}(aaa(20R))。22S/(22S+22R)升藿烷率(homohopane ratio)代表 C_{32}(22S)/(C_{32}(22S+22R))。R_o 为镜质组平均最大反射率；S_1 为 300℃检测的单位质量烃源岩中的烃含量；S_2 为 300～600℃检测的单位质量烃源岩中的烃含量；T_H 为热解烃量 S_2 达到峰值时的温度(℃)。

由表 5-6 可知，树皮煤的平均最大镜质组反射率数值为 0.69%，表明树皮煤处于变质阶段的早期。热解烃量 S_2 达到峰值时的温度位于 436～439℃，说明树皮煤处于生油窗早期阶段。样品的 20S/(20S+20R)甾烷率位于 0.396～0.475，说明树皮煤的成熟度处于生油峰的开始阶段。而样品的 22S/(22S+22R)升藿烷率是 0.592～0.604，表明树皮煤的生油窗已经生成。从这些参数可以得出，树皮煤的成熟度处于生油窗的早期阶段。

5.3.4　分子组成特征

1. 正烷烃和类异戊二烯

从样品中抽提的饱和烃的气相色谱谱图如图 5-5 所示，其相应的有机地球化学参数特征统计如表 5-7 所示。

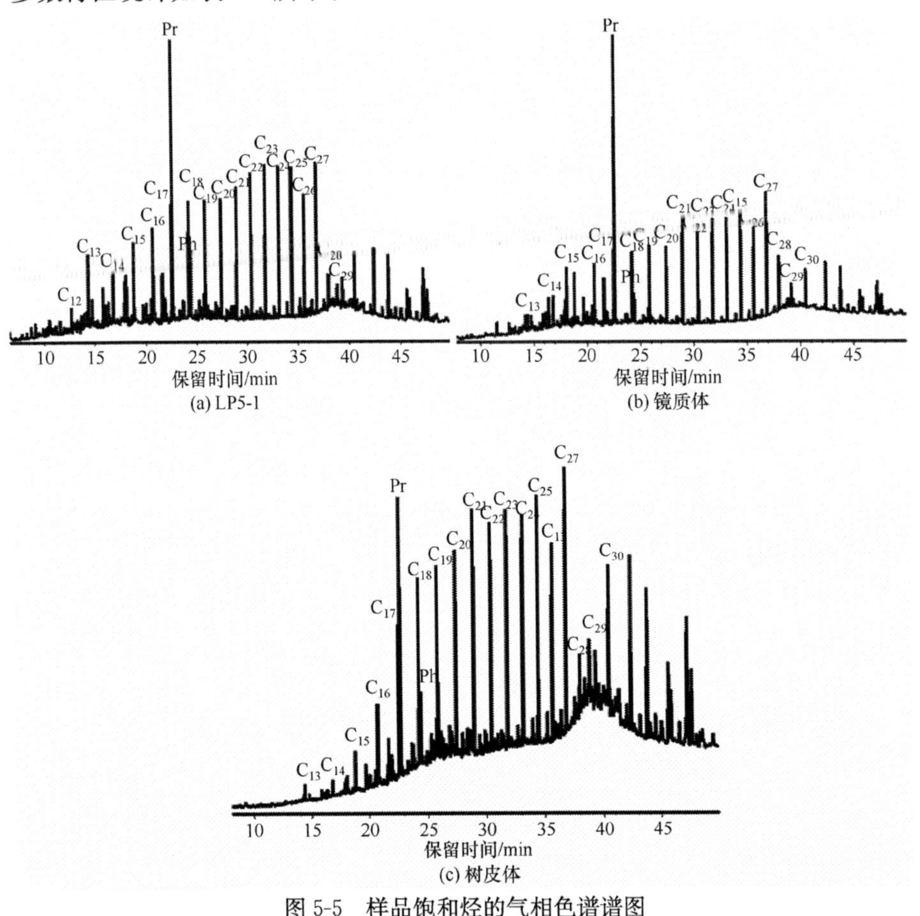

图 5-5　样品饱和烃的气相色谱谱图

Fig. 5-5　Gas chromatograms(GC) of saturated hydrocarbons for the samples used

表 5-7　从 GC 和 GC-MS 谱图计算得到的参数

Table 5-7　Some parameters from GC and GC-MS spectrum

参数	LP5-1	镜质体	树皮体
碳原子范围	C_{12}～C_{29}	C_{13}～C_{30}	C_{13}～C_{30}
CPI	1.61	1.05	1.05
Pr/Ph	3.72	7.20	3.58
Pr/n-C_{17}	2.59	4.36	2.08
Ph/n-C_{18}	0.73	0.64	0.47
C_{29}/C_{30}(m/z 191)	0.87	0.83	0.86
Tm/Ts(m/z 191)	22.03	22.08	25.73
C_{31}R/C_{30}(m/z 191)	0.32	0.31	0.30
C_{29}/C_{27}(m/z 217)	0.75	1.56	1.41

注：Pr 代表姥鲛烷(pristine)；Ph 代表植烷(phytane)；C_{29}/C_{30}代表 C_{29}降藿烷(norhopane)/C_{30}藿烷(hopane)；Tm/Ts 代表 C_{27} 17α(H)-22，29，30-三降藿烷(trisnorhopane)/C_{27} 18α(H)-22，29，30-三降新藿烷(trisnorhopane)；C_{31}R/C_{30}代表 C_{31} 17α(H)，21β(H)-升藿烷(homohopane)(22R)/C_{30} 17α(H)，21β(H)-藿烷(hopane)。

如图 5-5 所示，样品的正烷烃分布呈单峰模式，碳原子数变化范围为 C_{12} 到 C_{30}，碳优势指数值(CPI)范围为 1.05～1.61。样品的最大峰值变化范围位于 n-C_{21}和 n-C_{27}之间(C_{26}除外)，但是每个样品又不同。树皮体和镜质体的主峰碳数为 C_{27}，而树皮煤的主峰碳数为 C_{23}，而 C_{27}其次。n-C_{23}和 n-C_{27}烷烃占脂肪族的比例因样品不同而不同，在树皮煤中分别是 6.86%和 6.83%，镜质体分别为 6.01%和 7.52%，而树皮体分别为 7.15%和 8.11%。所有样品均具有高 CPI 值和高相对分子质量化合物(n-C_{21+})，表明其有机物质主要来源于陆源有机物[2,207]。

从图 5-5 的谱图中进一步看到，在样品中存在姥鲛烷(Pr)和植烷(Ph)。样品的姥鲛烷的峰值强度高于植烷，镜质体的 Pr/Ph 值大于 3，甚至高达 7.20。姥鲛烷(C_{19})和植烷(C_{20})主要来源于生物体中叶绿素的烷基侧链在微生物作用下降解形成植醇。植醇在强还原下反应形成植烷，在弱氧化环境下形成姥鲛烷。沥青质的姥鲛烷/植烷(Pr/Ph)比值被认为是沉积物氧化还原条件的潜在指标[2, 208]，若 Pr/Ph>1，则意味着沉积物在氧化条件形成。本书所有样品的 Pr/Ph 值都大于 1，说明样品的陆源有机物在相对氧化条件下沉积形成。同时，样品含有高的姥鲛烷/n-C_{17}比(2.08～4.36)和低植烷/n-C_{18}比(0.47～0.73)，也表明这些有机物质是在相对氧化条件下保存。

2. 生物标志化合物

图 5-6 和图 5-7 分别表征了三环萜烷(m/z 191)和甾烷(m/z 217)的谱图，其

相关的地球化学参数计算结果也列于表 5-7 中。

1）三萜烷

如图 5-6 所示，样品的藿烷丰度高于三环萜烷，特别是 C_{30} 藿烷和 C_{29} 降藿烷含量大。但 C_{29} 降藿烷的含量小于 C_{30} 藿烷，C_{29}/C_{30} 值为 0.83～0.87。C_{29} 降藿烷可能与陆源植物输入有关[209]。样品的 Tm/Ts 值变化范围为 22.03～25.73，表明样品的 Tm 含量高于 Ts，说明成煤有机物质沉积于相对氧化的环境[210]。同样，根据 C_{31-35}-升藿烷的分布特征，C_{32}-升藿烷丰度最高，其次是 C_{31}-升藿烷，然后逐渐向 C_{35}-升藿烷减少，因此样品的升藿烷指数（C_{35}/（C_{31-35}-升藿烷））低，表明样品形成于相对氧化的环境，这与 Pr/Ph 和 Tm/Ts 所反映的结果一致。

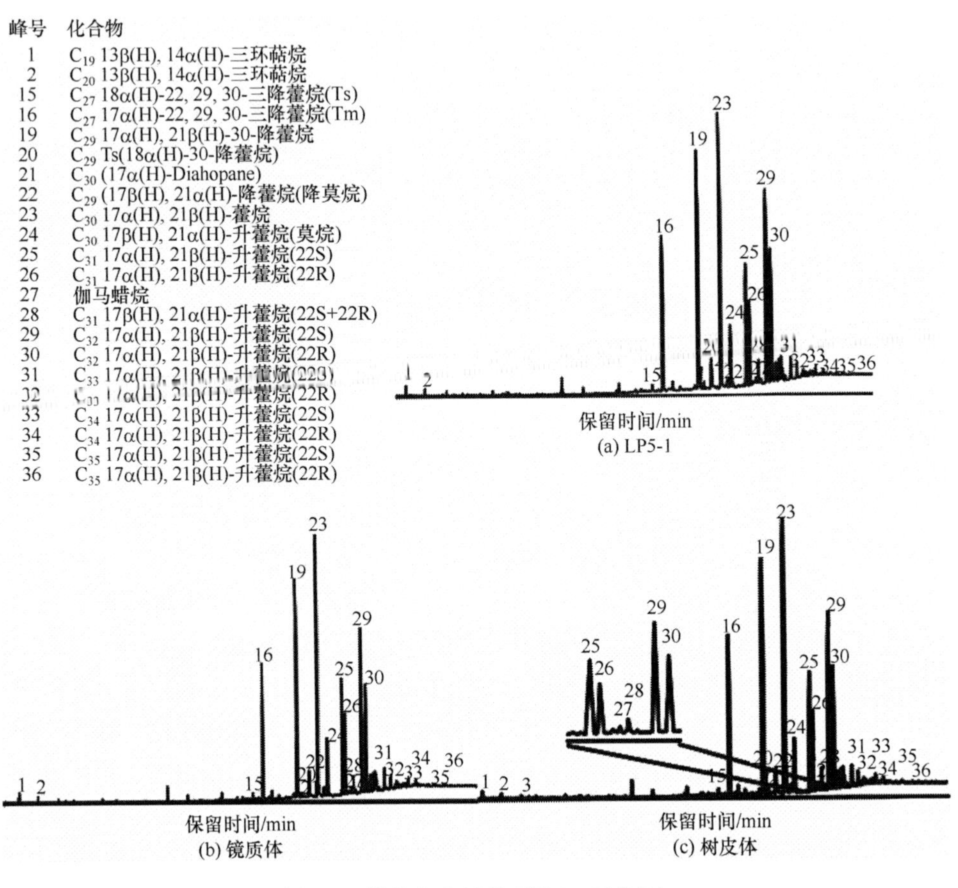

图 5-6　样品饱和烃的质谱（三环萜烷）

Fig. 5-6　The m/z 191 mass fragmentograms of saturated hydrocarbon fractions for samples used

$C_{31}R/C_{30}$ 藿烷可用于区分海相环境（该值＞0.25）和湖相环境（该值＜0.25）[211]。树皮煤、镜质体和树皮体的 $C_{31}R/C_{30}$ 藿烷比分别为 0.32、0.31 和

0.30，表明树皮煤形成于微咸水环境。在本研究中，根据气相色谱/质谱，已经检测出伽马蜡烷，但其强度较弱，表明样品的沉积物形成于高盐度的环境[2]。因为伽马蜡烷是一种 C_{30}-三萜烷，代表高盐度湖泊和海洋沉积物的特征生物标志物[2, 212, 213]。

2）甾烷

样品的 m/z 217 离子色谱图代表样品中甾烷分布特征(图 5-7)。在所有样品中甾烷的碳原子数从 C_{27} 到 C_{29}，但主峰的分布特征不同。对于树皮体和镜质体，C_{29}/C_{27} 甾烷比值分别为 1.41 和 1.56，表示二者的 C_{27} 甾烷和 C_{29} 甾烷的强度相似。而树皮煤的 C_{29}/C_{27} 甾烷比值为 0.75，说明树皮煤 C_{27} 甾烷高于 C_{29} 甾烷。一般而言，C_{27}-规则甾烷与藻类输入有直接的关系，而 C_{29}-规则甾烷主要来源于高等陆源植物[214]，也来源于藻类物质[215, 216]。因此，树皮煤的形成物质可能由高等植物和藻类植物共同混合。由前面讨论可知，树皮煤形成物质主要来源于高等植物。但树皮煤的气相色谱/质谱中，检测到了高强度的 C_{27} 甾烷，说明树皮煤形成过程中，也有藻类的参与。

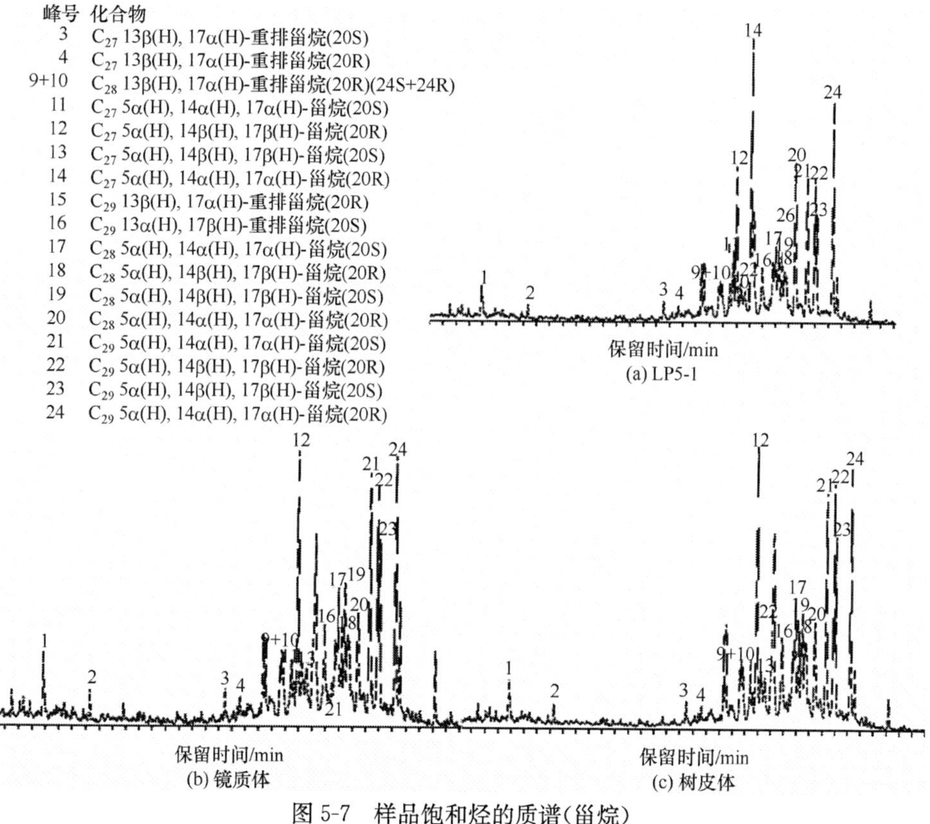

图 5-7　样品饱和烃的质谱(甾烷)

Fig. 5-7　The m/z 217 mass fragmentograms of saturated hydrocarbon fractions for samples used

5.3.5 树皮煤沉积环境

如前所述，树皮体是Ⅱ型干酪根，镜质体和树皮煤是Ⅱ-Ⅲ型干酪根，树皮体有高 S_1+S_2 值和 HI 值，但是树皮体的 Pr/Ph 值、Pr/n-C_{17}值以及 Ph/n-C_{18}值低于镜质组，这些特征可能与两种显微组分的来源不同有关。镜质体主要来源于细胞壁的木质素和纤维素[2]。树皮体可能来源于植物茎和根的皮层组织，细胞壁和细胞腔的充填物皆栓质化[130]，因此二者之间的分子组成不同，即纤维素、木质素和脂质的相对含量等。化学组成上，树皮体富含氢含量，而镜质组的氢含量较低。

基于平均镜质体反射率、T_{max}、20S/(20S+20R)甾烷比值和 22S/(22S+22R)升藿烷比等参数，得出树皮体和镜质体都处于成熟阶段早期。从树皮体具有高的 CPI 值、主峰碳数(C_{27})、C_{29}降藿烷和 C_{29}-规则甾烷强度等参数特征，表明树皮体主要来源于陆源高等有机质，这与过去研究的结果相一致。过去已经表明树皮体来源于辉木根的皮层组织[132,138,139]、鳞木的周皮组织[126,134,135]，或大羽羊齿植物的根[124]。

典型树皮煤仅在我国南方的晚二叠世煤层中发现，因此树皮煤的形成需要一个特殊的环境[29,188]。树皮煤的 Pr/Ph 值和 Tm/Ts 值高以及低的升藿烷指数和 C_{30}-重排藿烷，表明树皮煤在相对氧化环境沉积条件下形成[210]。树皮煤的高姥鲛烷/n-C_{17}值和低植烷/n-C_{18}值，也表明其陆源物质形成于氧化环境中。在树皮煤的形成过程中，受过海水的影响，因为样品具有高 C_{31}R/C_{30}藿烷比值和高有机硫特征，同时，在气相色谱/质谱中检测到伽马蜡烷，在显微镜下观察到煤层中的莓球状黄铁矿。

第6章　树皮煤(体)的结构特征

煤的结构特征表明，煤的化学结构基本由芳香骨架部分和脂肪部分两部分组成，芳香骨架部分通常由亚甲基和各种官能团来连接，这些官能团有甲基、羟基、羧基和羰基等[217, 218]。随着温度升高或煤级增加，脂肪部分减少而相应的芳香部分增加，煤的芳碳率增加[32,44]。

6.1　煤的微观结构

煤的微观结构包括煤的化学结构和物理结构。煤的化学结构是指在煤的有机分子中，原子相互联结的次序和方式；煤的物理结构是指煤的有机分子之间的相互关系和作用方式。

研究煤的结构特征历来是讨论煤科学的兴趣问题之一。曾出现过很多假说，如低分子结构说、胶体化学结构说和高分子结构说等。但是由于煤具有复杂性、多样性和不均一性等特点，其结构不同于一般的高分子化合物或聚合物。也就是说，即使是同一块煤，也可能不存在一个统一的化学结构。因此，虽然应用了多种分析测试手段进行研究，但截至目前，也没有完全弄清楚煤的结构。只能定性地认识其整体的统计平均结构，定量地确定一系列"结构参数"，以此来表征其平均结构特征。尽管如此，通过前人的研究，近代观点则认为煤具有高分子聚合物特征。其微观特征大致可以归结为[219]：煤结构的主体是三维空间高度交联的非晶质的高分子聚合物，煤的每个大分子由许多结构相似而又不完全相同的基本结构单元聚合而成。基本结构单元的核心部分主要是缩合芳香环，也有少量氢化芳香环、脂环和杂环。基本结构单元的外围连接有三个碳以下烷基侧链和各种官能团。官能团以含氧官能团为主，包括酚羟基、羧基、甲氧基和羰基等，此外还有少量含硫官能团和含氮官能团。基本结构单元之间通过桥键联结为煤大分子。桥键的形式有不同长度的次甲基键、醚键、次甲基醚键和芳香碳—碳键等。煤分子通过交联及分子间缠绕在空间形成不同的立体结构。煤中的交联作用有化学键，如上述桥键，还有非化学键，如氢键、范德瓦耳斯力和堆积作用等。此外，在煤的高分子聚合物结构中，还较均匀地分散嵌布着少量低分子化合物，其分子量在500左右及500以下。同时，煤的微观结构特征随着煤的变质程度的变化而变化。低煤化度煤的芳香环缩合度较小，但桥键、侧链和官能团较多，低分子化合物较多，其结构无方向性，孔隙率和比表面积大。随煤化程度加深，芳香缩合程度逐渐增大，桥键、侧链和官能团逐渐减少。分子内部的排列逐渐有序化，分子之间平行定向程度增加，呈现各向异性。至无烟煤阶段，分子排列逐渐趋向芳香环高度缩合的石墨结构。

6.1.1　煤中的官能团

煤中的官能团主要有含氧官能团和少量含氮、含硫官能团等。由于含氧官能团的存在方式(氧含量、氧的存在形式等)对煤的性质影响很大，尤其是对于低变质程度的煤，所以需重视研究含氧官能团。

1. 含氧官能团

煤中的含氧官能团主要包括羧基(—COOH)、羟基(—OH)、羰基($>C=O$)、甲氧基($—OCH_3$)和醚键(—O—)。这些官能团随煤变质程度的增加发生很大变化。总体来看，煤中含氧官能团随煤化度增加而急剧降低，降低最多的是羟基，其次是羰基和羧基。烟煤阶段主要以非活性氧(醚键和杂环氧)形式存在，因为在年老褐煤中，甲氧基就基本不存在。褐煤最主要的特征之一是含有羧基，而羟基和羰基存在于整个烟煤阶段，甚至在无烟煤阶段还有发现。非活性氧一直存在于整个煤化阶段。

2. 含硫和含氮官能团

煤中的含硫官能团种类主要包括硫醇(R—SH)、硫醚、二硫醚(R—S—S—R′)、硫醌及杂环硫等。一般来说，褐煤中有机硫主要以硫醇和脂肪硫醚形式存在，而烟煤中以噻吩环形式存在，尤其是二苯并噻吩。截至目前，对煤中有机硫的测试方式还不成熟，因此有机硫的计算是通过差减法得到的。但是，鉴于煤的利用过程中产生含硫化合物的污染物，必须加强对煤中硫，尤其是有机硫的研究。

煤中含氮官能团主要以六元杂环吡啶环或喹啉环形式存在，此外还有氨基、亚氨基、腈基、五元杂环吡咯和咔唑等，其含量多在1%～2%。

6.1.2　烷基侧链

煤中的烷基侧链有甲基、乙基和丙基等，且侧链中碳原子数越多其所占比例越低，也就是煤中烷基侧链中多数为甲基，且随着煤化程度的加深，所占比例不断增加。例如，煤中碳原子数为80%时，甲基碳占总碳的4%～5%，占烷基碳75%左右；碳原子数为90%时，甲基碳占总碳约3%，占烷基碳则大于80%左右。相反，烷基侧链长度随煤化程度的加深而减小。烷基碳占总碳的比例也随之而下降，煤中碳原子数为70%时，烷基碳占总碳约8%，碳原子数为80%时约占6%，碳原子数为90%时只有3.5%左右[219]。

6.2　树皮煤(体)化学结构特征

6.2.1　统计法得到的化学结构参数

在本书中,统计计算煤样化学结构参数采用的公式为 van Krevelen[1]提出的。相关的公式如下:

$$f_a = \frac{(100 - V_{daf}) \times 1200}{1240 C_{daf}} \tag{6-1}$$

$$2\left(\frac{R-1}{C}\right) = 2 - f_a - \frac{H}{C} \tag{6-2}$$

其中,f_a 为芳碳率,代表基本结构单元中属于芳香族结构的碳原子数与总碳原子数之比;R 为基本结构单元中缩合环的数目;$2(R-1)/C$ 为环缩合度指数。

应用以上公式,计算得到的结构参数结果列于表 6-1 中。从表 6-1 中可以得到,芳碳率的高低次序为 DHB>CG>LP。在树皮煤中,构成其基本结构单元总环数小于 2.60,环缩合度指数的大小顺序为 LP>CG>DHB,根据这些结果可以推断,LP 和 CG 煤样含有比较少的芳香结构单元。

表 6-1　煤样的统计结构参数

Table 6-1　The structural parameters of the samples used

煤样	H/C	f_a	R	$2(R-1)/C$
LP	0.97	0.55	2.52	0.48
CG	0.94	0.60	2.55	0.46
DHB	0.88	0.70	2.43	0.42

6.2.2　树皮煤的化学结构特征

1. FTIR 研究

红外光谱能够提供煤中的官能团和碳骨架结构信息。煤的 FTIR 图谱显示,煤主要由芳香核、脂肪族侧链和一些含氧官能团组成,本节根据前人的工作[54,57],确定煤的 FTIR 图谱上典型峰的归属。图 6-1 显示了 LP、CG 和 DHB 煤样的 FTIR谱图。从图 6-1 中可以明显看出,这些煤样图谱的共同特征是在 2923cm^{-1}和 2852cm^{-1}左右有非常强的脂肪 C—H 伸缩振动吸收峰,在 1606～1610cm^{-1}有强的芳香核(C═C)的伸缩振动以及 1453cm^{-1}左右的脂肪 CH_x 变形振动吸收峰,其中,在 2923cm^{-1}和 2852cm^{-1}的振动信号主要归属于亚甲基官能团的作用。此外，从图 6-1 的谱图还可以看出很明显的芳香 C—H(CH_x)伸缩振动($3052\sim3049cm^{-1}$)、甲基的对称弯曲变形振动($1375cm^{-1}$)以及芳香面外弯曲变形振动($700\sim900cm^{-1}$)吸收峰，同时也可以看到，有比较弱的脂肪 C═O 伸缩振动($1745\sim1741cm^{-1}$) 吸收峰和脂肪链(CH_3)变形振动($1380\sim1375cm^{-1}$)吸收峰，在 $1745\sim1740cm^{-1}$范围的峰作为 $1600cm^{-1}$峰的肩峰出现，$3400cm^{-1}$左右的吸收峰可能来源于羟基官能团的影响，羟基官能团可能一部分来自 KBr 上吸收水分的影响，另一部分来自煤中含有羟基官能团。尽管在做红外光谱实验前，煤样已经在 105℃温度下进行过干燥处理，但是此处理主要减少煤中的水分含量，而不能完全干燥[220]。另外，位于 $1110cm^{-1}$和 $910cm^{-1}$两个明显的吸收峰，应该归属于煤中含有的矿物质[50, 51]。

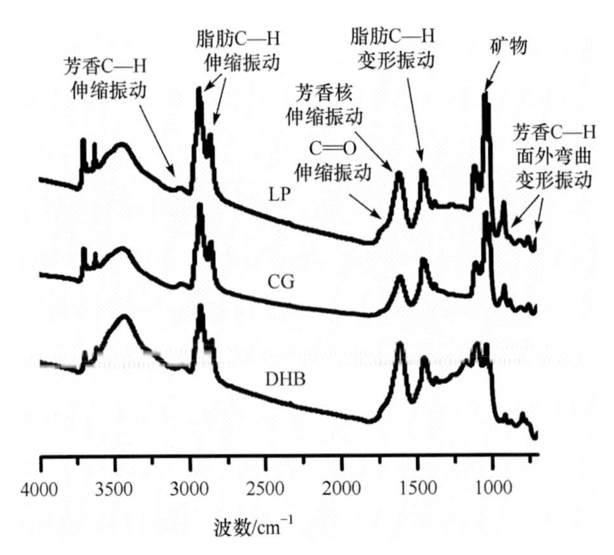

图 6-1　煤样的 FTIR 谱图($4000\sim700cm^{-1}$)

Fig. 6-1　Comparison of the 4000 to $700cm^{-1}$ region of the spectrum of the coals used

从图 6-1 的谱图中可以进一步发现，三个主要峰在煤样中的强度是不等的，相比于 CG 和 DHB，LP 含有比较高的位于 $2923cm^{-1}$和 $1453cm^{-1}$的吸收峰，而这两个峰分别归属于脂肪族亚甲基官能团伸缩振动吸收峰和脂肪族 CH_x(CH_3、CH_2)变形振动吸收峰，这说明 LP 的化学结构中含有比较多的亚甲基官能团数量。相比于 LP 和 CG，DHB 的芳香核($1610cm^{-1}$) 伸缩振动吸收峰强度大些，表明 DHB 的芳构化程度高于 LP 和 CG，这与统计方法得到的结构参数结果是一致的。

2. CP/MAS-TOSS ^{13}C NMR 研究

这里依据 Yoshida 等[36]确定不同碳类型的化学位移范围。图 6-2～图 6-4 分别展示了LP、CG和DHB的CP/MAS ^{13}C NMR图谱,从图6-2~图6-4中可以看出,煤样的图谱很明显地被分成两个区域,即从90~170ppm的芳香碳区域和0~90ppm的脂肪碳区域。芳香碳在129ppm时可以进一步细分为三组,在129ppm左右的是没有经过取代的芳香碳原子,148~171ppm区间可以归为氧化的芳香碳原子(Ar—O)与羟基、甲氧基和醚键的氧原子相连,93~129ppm是芳香碳原子与氢原子相连,而桥头键和取代的芳香碳原子与氢化芳香亚甲基碳和烷基化侧链(Ar—C)被发现位于129~148ppm区间。在脂肪碳区域(0~90ppm),最主要的峰约位于30ppm附近的饱和烷基碳和桥键的亚甲基碳,此外还有位于0~25ppm的甲基碳以及50~65ppm的甲氧基碳。而对于LP和CG两个煤样,虽然谱图是以芳香碳为主,但脂肪碳信号也非常明显。

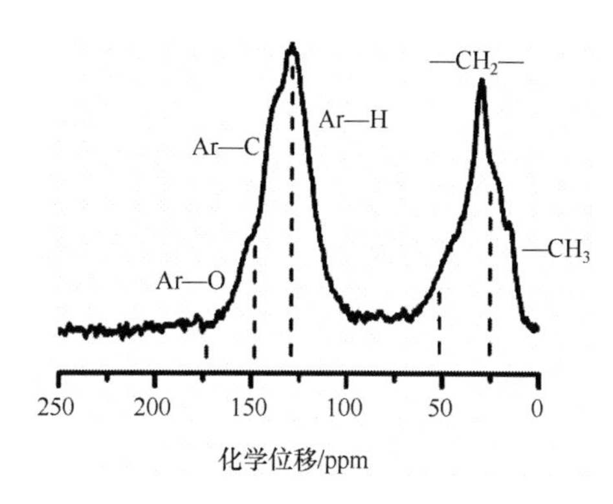

图6-2 LP煤样的CP/MAS-TOSS ^{13}C NMR谱图

Fig. 6-2 CP/MAS-TOSS ^{13}C NMR spectra of LP sample, separately

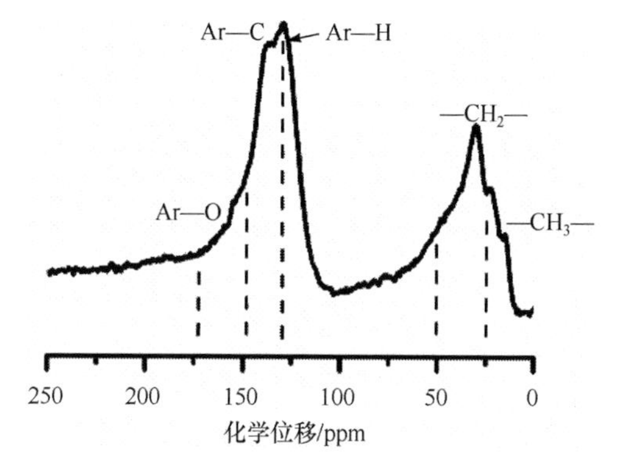

图6-3 CG煤样的CP/MAS-TOSS ^{13}C NMR谱图

Fig. 6-3 CP/MAS-TOSS ^{13}C NMR spectra of CG sample, separately

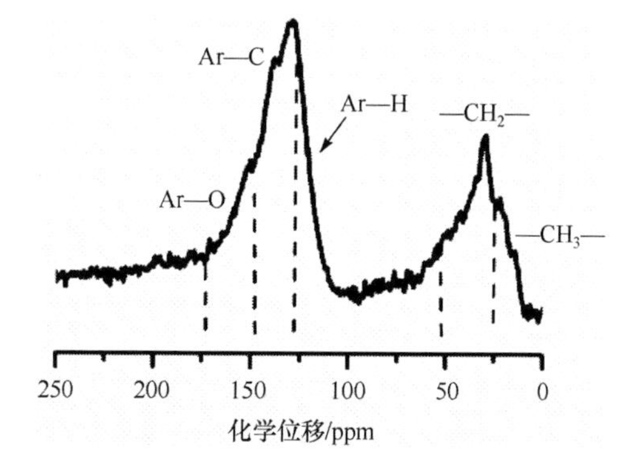

图6-4 DHB煤样的CP/MAS-TOSS ^{13}C NMR谱图

Fig. 6-4 CP/MAS-TOSS ^{13}C NMR spectra of DHB sample, separately

从^{13}C NMR谱图上得到的化学结构参数有助于分析煤的化学结构特征，表6-2总结了从^{13}C NMR中得到的含碳官能团分布及其相对含量。从表6-2中可以得到，LP、CG和DHB的脂肪碳的相对百分含量分别为41％、40％和36％。而且相比于DHB煤样，LP和CG煤样含有高的亚甲基和甲基含量，表明LP和CG比DHB煤样含有高的脂肪族碳。同时，LP煤样中的亚甲基含量最高，其次是CG，而DHB中的亚甲基含量最低。所以，在脂肪碳区域，三个样品具有的高亚甲基含量而相对低的甲基含量的特征，反映这些煤样含有比较高的长烷基链[36, 221, 222]。另外，LP的芳碳率为0.55，同时结合样品的FTIR图谱特征和表6-2的结果，可以推断LP的低芳碳率是由于含有高的脂肪族含量。

为了进一步研究煤的脂肪族部分，用式(6-3)[223]来估计脂肪族的H/C原子比：

$$\frac{H_{\text{aliphatic}}}{C_{\text{aliphatic}}}=\frac{\text{H/C}\times 100-(\text{Ar—H})}{100\times(1-f_{\text{a}})} \tag{6-3}$$

其中，f_a 芳碳率；Ar—H为与芳香碳相连的氢原子数；H/C为H/C原子比。经过计算，LP、CG和DHB三个煤样的脂肪氢/脂肪碳（$H_{\text{aliphatic}}/C_{\text{aliphatic}}$）值分别为1.62、1.58和1.91。结果表明，LP和CG煤样含有更多的脂环结构，而DHB煤样有更多的非环链状脂肪烃。

表6-2 LP、CG和DHB煤样中部分含碳官能团的分布

Table 6-2 Distribution of some carbon-functional groups of LP, CG, and DHB

煤样	Ar—O	Ar—C	Ar—H	$—OCH_3$	$—CH_2$	$—CH_3$
LP	7.51	25.97	23.97	3.26	23.92	11.58
CG	3.30	25.81	30.63	2.56	21.12	14.40
DHB	5.82	27.11	30.70	2.54	18.73	11.49

6.2.3 树皮体的化学结构特征

1. ^{13}C NMR谱图

应用固态^{13}C NMR测试了原煤样品(MS)、分离得到的VS和BaS的化学结构信息，其结果如图6-5所示。从图6-5谱图中发现，相对于原煤和镜质体，树皮体的脂肪碳区峰的强度最大，特别是在33ppm附近的饱和烷基链和桥键中的亚甲基峰强度。对于树皮体，脂肪碳区的峰强度高于芳香碳区。以上特征表明，树皮体中富含脂肪碳，特别是亚甲基碳，树皮体拥有长而少的脂族侧链。镜质体的芳香碳区峰的强度与脂碳区相差不大，其芳碳区峰的强度在三个样品中最大。原煤的芳香碳区高于脂肪碳区。

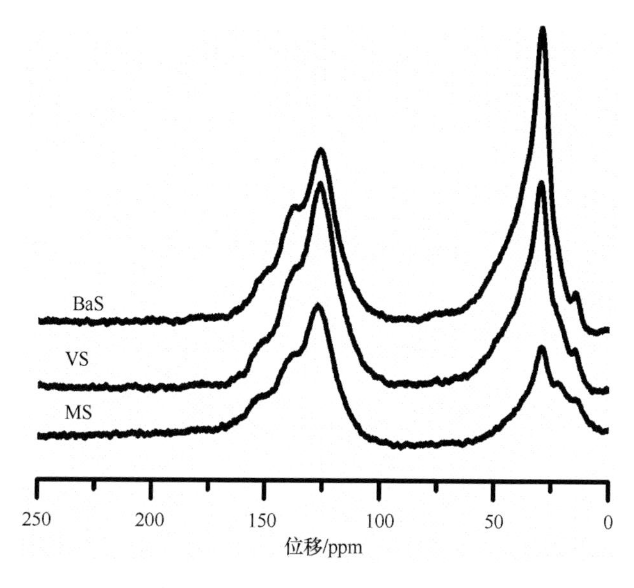

图 6-5　原煤 MS 及分离的显微组分中[13]C NMR 谱图

Fig. 6-5　^{13}C NMR spectra of whole coal(MS) and individual macerals

为进一步分析树皮体与镜质体、原煤碳结构组成特征的差异,对样品的^{13}C NMR 测试图谱进行了分峰处理。依据碳化学位移的归属[36]及图 6-5 的^{13}C NMR 谱图特征,利用 Nuts 2000 软件对原煤(MS)及树皮体(BaS)、镜质体(VS)的谱图进行了分峰拟合,得到的相关结构参数数据如表 6-3 所示。

表 6-3　样品的结构参数

Table 6-3　Structural parameters of the samples used

样品　编号	f_a	f_a'	f_a^S	f_a^B	f_{al}	f_{al}^*	f_{al}^H	f_{al}^O	χ_b
MS	0.52	0.50	0.34	0.12	0.48	0.02	0.46	0.03	0.24
VS	0.41	0.41	0.30	0.07	0.59	0.03	0.56	0.06	0.17
BaS	0.36	0.36	0.22	0.09	0.64	0.04	0.60	0.05	0.25

注:f_a 为芳香碳总和;f_a'为芳香环碳总数;f_a^S 为烷基芳烃;f_a^B 为芳香桥头碳;f_{al}为总脂肪碳;f_{al}^* 为 CH_3 的相对含量;f_{al}^H为 CH 或 CH_2 的相对含量;f_{al}^O为与氧结合的键;χ_b 为芳香桥碳的摩尔分数。

从表 6-3 中可以直观看出,在芳香碳区中,树皮体的芳香碳总和 f_a、烷基芳烃 f_a^S 的含量均最低,其次是镜质体,原煤较高。在脂肪碳区的参数中,树皮体的脂肪碳总和 f_{al}高于镜质体和原煤,并且脂肪碳区的参数 f_{al}^H 也高于镜质体、原煤,而 CH_3 的相对含量 f_{al}^* 的值,三者相差不大。通过比较发现,树皮体的芳香碳含量 f_a 最低(0.36),脂肪碳最高,f_{al}为 0.64,这表明树皮体的化学结构中富含脂肪碳;f_{al}^H

的值远远大于 f_{al}^{*}，说明树皮体的脂碳部分以长链结构（亚甲基）为主，这与本研究中 Micro-FTIR 实验部分的分析结果是一样的。

χ_b（f_a^B/f_a'）为芳香桥碳的摩尔分数，可以用来评估芳香簇的尺寸。树皮体的 χ_b 值高达 0.25，其芳香簇的碳原子数为 10～14，根据 Solum 等[38]的研究成果，推断认为树皮体每个芳香簇的芳环数主要为 2 或 3；镜质体的 χ_b 为 0.17，其芳香簇的碳原子数为 6～10，同理可推出，镜质体的每芳香簇含芳环数主要是 1 或 2。

2. Micro-FTIR

对 LP5-1 中的树皮体（BaS）、镜质体（VS）及孢子体（Sp）进行原位测试，并利用 OMNIC 软件对谱图进行 Kramers-Kronig 转换，通过 Origin 作图如图 6-6 所示。

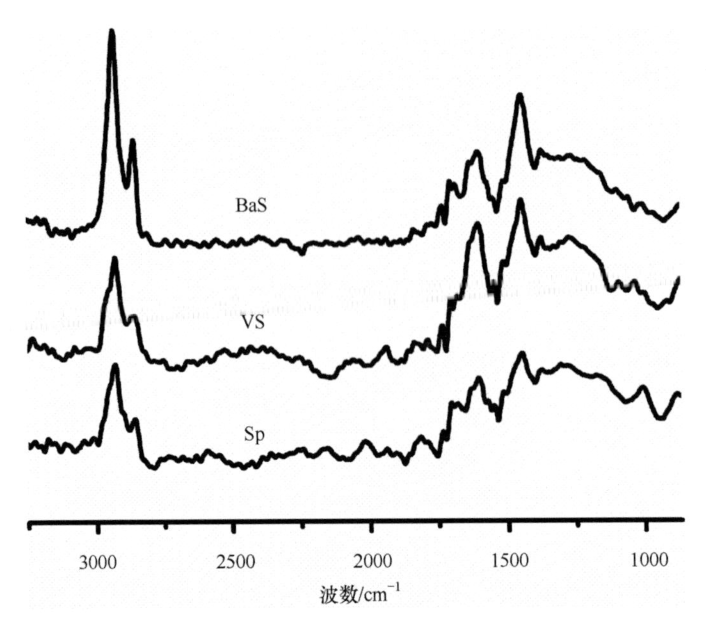

图 6-6 LP5-1 中不同显微组分的 Micro-FTIR 谱图

Fig. 6-6 The FTIR spectra of different macerals in LP5-1

从图 6-6 中可以清楚看出，树皮体、镜质体和孢子体均出现了明显的吸收峰，主要有 2920cm^{-1}和 2850cm^{-1}附近表征脂肪族 C—H 伸缩振动的吸收峰（主要是 CH_2）、1600cm^{-1}左右出现的芳核 C═C 伸缩振动峰以及在 1450cm^{-1}附近脂肪族 CH_x 变形振动的峰。三者的谱图峰形相似，吸收特征也大致相同，说明树皮体、镜质体与孢子体所含官能团种类大致相同，都由芳核、脂肪侧链、脂环化合物和含氧基团组成。而树皮体的红外谱图中 3000～2800cm^{-1} 的吸收峰较强，尤其是在 2920cm^{-1}和 2850cm^{-1}附近的 CH_2，且吸收峰的振动强度远远高于 2950cm^{-1}处的肩峰(CH_3),说明树皮体中亚甲基含量高于甲基。

由图 6-6 进一步研究发现,树皮体在 3000～2800cm^{-1}波数内及 1450cm^{-1}附近吸收峰强度高于镜质体和孢子体,而在 1600cm^{-1}处的峰则相对较弱,表明树皮体脂肪族含量高于镜质体,而芳香族含量较低。镜质体的芳核伸缩振动强度高于树皮体和孢子体,说明镜质体中芳香族含量最高,以芳香结构为主。另外,在 900～700cm^{-1}波数表征芳环面外 C—H 变形振动的吸收峰,镜质体的振动强度高于树皮体和孢子体。归属于芳族烷基 C—H 官能团的 3100～3000cm^{-1}波数区间内,树皮体的峰强度低于镜质体。

为进一步分析样品的 Micro-FTIR 谱图,对图谱进行了分峰处理,并且应用以下特征参数,表征树皮体的结构及产烃潜能进行研究,其特征参数的计算结果如表 6-4所示。

(1) H_{ar}/H_{al}(3100～3000cm^{-1}/3000～2700cm^{-1}):芳香氢伸缩振动吸收峰强度与脂肪氢伸缩振动强度的比值。H_{ar}表征芳香氢含量,H_{al}表征脂肪氢含量。

(2) CH_2/CH_3(2920cm^{-1}/2950cm^{-1}):评估脂肪侧链的支化程度,脂肪烃链的长度和大分子结构上的脂肪族侧链的丰度。

(3) I_1(3000～2800cm^{-1}/1600cm^{-1}):富氢程度参数,表征脂肪烃含量的多少。

(4) “A”因子(3000～2700cm^{-1}/3000～2700cm^{-1}＋1600cm^{-1}):表征烃源岩产烃潜能。

表 6-4　LP5-1 中树皮体、镜质体和孢子体的 FTIR 结构参数

Table 6-4　Some structural parameters derived from FTIR of different macerals in LP5-1

样品	R_o/%	H_{al}	H_{ar}	H_{ar}/H_{al}	CH_2/CH_3	I_1	A
树皮体	—	21.144	0.993	0.047	2.323	4.498	0.819
孢子体	—	13.276	0.707	0.053	2.846	2.889	0.757
镜质体	0.67	10.030	0.537	0.054	2.157	0.986	0.500

注:H_{al}代表脂肪氢含量;H_{ar}代表芳香氢含量;—代表没有测试。

表 6-4 中 R_o 表示 LP5-1 镜质体的最大反射率。树皮体与镜质体、孢子体的 H_{ar}/H_{al}值显示,三者的值均小于 0.1,说明脂肪族 C—H 伸缩吸收强度大于芳香族 C—H,并且树皮体(0.047)小于孢子体(0.053)和镜质体(0.054),表明树皮体与镜质体和孢子体相比,其脂肪氢含量较多。3000～2800cm^{-1}波数内拥有表征脂肪族 CH_3、CH_2和 CH 官能团的吸收峰[64, 166],因此可用以评估煤中脂肪族 CH 含量。通过对谱图的分峰拟合,得到在 2950cm^{-1}和 2920cm^{-1}指代甲基和亚甲基的非对称性伸缩振动吸收峰,结合表 6-4 中表征脂肪族侧链长度的 CH_2/CH_3 值,孢子体最大,其次是树皮体,镜质体最小。这说明在树皮煤的显微组分中,树皮体中

CH_2 含量高于镜质体，孢子体和树皮体的脂肪烃链的长度和大分子结构上的脂肪族侧链的丰度均明显较高。

表 6-4 中表征富氢程度参数的 I_1，树皮体远远高于孢子体和镜质体，表明树皮体中脂肪烃含量高于其余二者，而镜质体的芳香烃含量和芳构化程度均高于树皮体；树皮体较高的 I_1 值也说明其脂肪族含量高于芳香族含量。树皮体和孢子体 A 因子值较高，说明树皮体具有很好的产烃潜能。

6.2.4　不同煤级煤中树皮体官能团的演化特征

1. Micro-FTIR 测试谱图

选择了不同煤级的树皮煤的样品（LP5-1、D407-13、Y19-1 和 WJZ12-1），通过显微镜对样品中的树皮体进行标定，并原位测试，利用 OMNIC 软件对谱图进行 Kramers-Kronig 转换，得到表示吸光度的光谱图，利用 Origin 软件作图，其不同煤级煤中树皮体的 Micro-FTIR 谱图如图 6-7 所示。

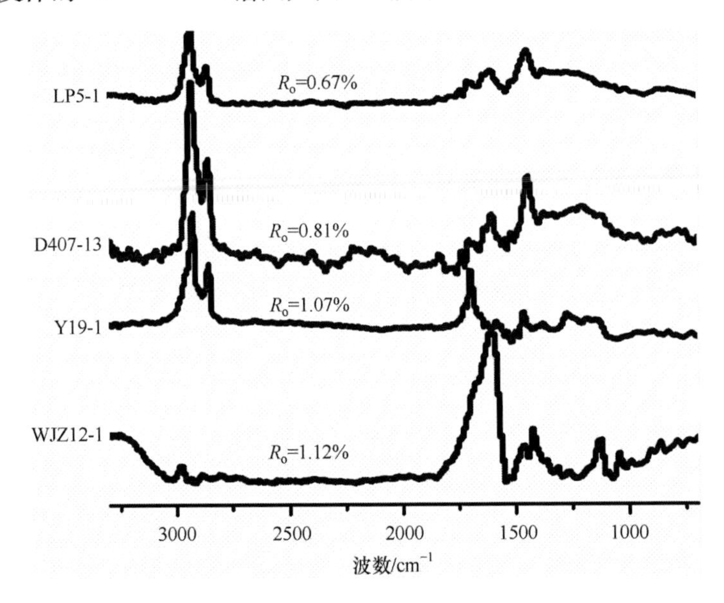

图 6-7　不同煤级树皮体的 Micro-FTIR 谱图

Fig. 6-7　The Micro-FTIR spectra of Barkinite in different ranks

不同煤级煤中的树皮体红外谱图（图 6-7）显示，在 3000cm^{-1} 和 2800cm^{-1} 之间具有较强的脂肪族 C—H 伸缩振动峰（特别是在 2920cm^{-1}、2850cm^{-1} 附近），1450cm^{-1} 附近也有明显的脂肪链 C—H 变形振动。而在 1601～1610cm^{-1} 区间内的芳香族（C═C）吸收峰的振动强度较小，并且位于 3050cm^{-1} 附近的芳香族 CH_x

伸缩振动也不明显。因此,树皮体脂肪族部分的吸收强度高于其他波数,表明树皮体的化学结构以脂肪族含量高为主要特征。另外,由图 6-7 可以发现,随着煤级的增加,2920cm^{-1}和 2850cm^{-1}处的峰不断下降,而 1600cm^{-1}处芳核结构的吸收峰逐渐升高。直到煤级较高的 WJZ12-1 样品谱图中,芳核 C═C 伸缩振动峰强度达到最高,说明树皮体化学结构随着煤变质程度的升高,其脂肪族含量降低,芳香族含量升高。

2. Micro-FTIR 结构参数分析

这里对样品(LP5-1、D407-13、Y19-1、WJZ12-1)的显微傅里叶红外光谱的谱图进行了分峰拟合处理,结果发现,位于 2950cm^{-1}处的甲基非对称性伸缩振动和位于 2920cm^{-1}处的亚甲基非对称性伸缩振动被清楚分出。表 6-5 为对 Micro-FTIR 谱图分峰拟合的结果,通过计算峰的相对面积比值,得到 FTIR 相关的结构参数。发现 LP5-1、D407-13 和 Y19-1 样品的 CH_2/CH_3 值明显高于 WJZ12-1,并且随着煤级的增加,该值呈递减趋势。说明树皮体的化学结构随着变质程度的升高,其脂族侧链不断发生断裂,脂族侧链的支化程度降低。LP5-1、D407-13、Y19-1 的 I_1 值很高,说明其脂肪烃含量高于芳香烃。所用样品中除了 WJZ12-1 外均有非常高的 A 因子值,再次表明树皮体(WJZ12-1 除外)具有很好的产烃潜能。Wang 等[166]在研究树皮煤的 FTIR 结构特征时,也认为树皮煤产烃潜能较高是由于其中的特殊显微组分——树皮体在产烃方面发挥了重要作用。

表 6-5　不同煤级树皮体的 Micro-FTIR 结构参数

Table 6-5　Some structural parameters derived from Micro-FTIR of Barkinite in different ranks

样品	R_o/%	H_{al}	H_{ar}	H_{ar}/H_{al}	CH_2/CH_3	I_1	A
LP5-1	0.67	21.144	0.993	0.047	2.323	4.498	0.819
D407-13	0.81	24.504	1.114	0.045	1.410	6.437	0.871
Y19-1	1.07	32.775	1.258	0.038	1.362	4.697	0.827
WJZ12-1	1.15	3.319	1.491	0.449	0.164	0.163	0.223

6.2.5　拉曼光谱特征

样品的 1000～1800cm^{-1}范围内的拉曼光谱特征如图 6-8 所示。从图 6-8 中可以明显看出,谱图中有两个明显的峰,分别为处于 1350～1370cm^{-1}波峰处的 D 峰和 1590cm^{-1}处的 G 峰。以前的工作[224, 225]已经表明,石墨和金刚石的拉曼光谱中有两个典型峰,分别位于 1581cm^{-1}和 1332cm^{-1}处。对于无序性比较高的含碳物质,其 1581cm^{-1}处的峰会偏向高波数一定,即在 1580cm^{-1}和 1600cm^{-1}之间。

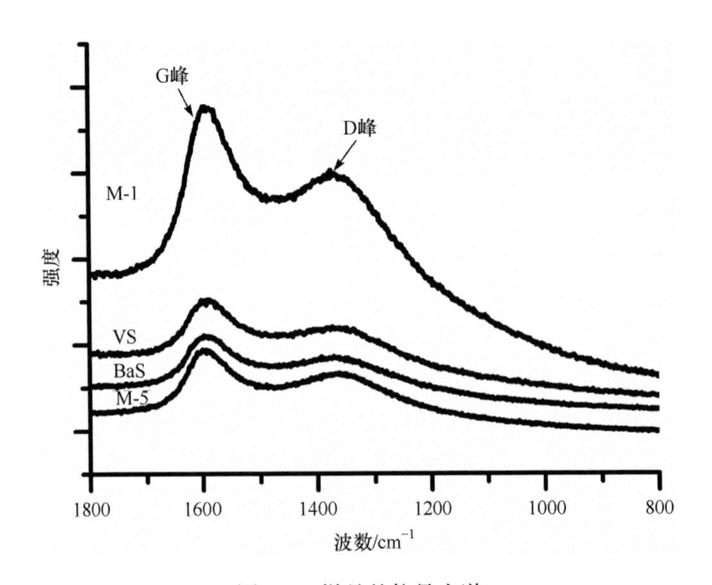

图 6-8　样品的拉曼光谱

Fig. 6-8　Raman spectroscopy of samples used

对拉曼光谱谱图进行了分峰拟合，其处理的结果如图 6-9 所示。分峰拟合处理后，总计得到 9 个峰，其中 G 和 D1 峰是主要峰，而位于 1070cm^{-1}、1160cm^{-1}、1241cm^{-1}、1496cm^{-1}、1534cm^{-1}、1620cm^{-1}和 1681cm^{-1}处的峰的强度比较小。位于 1607～1620cm^{-1}处的为 D2 峰，D3 峰出现在 1534～1540cm^{-1}处，D4 峰在 1153～1174cm^{-1}出现，但是强度非常低。此外，还发现四个峰，分别位于 1067～1090cm^{-1}、

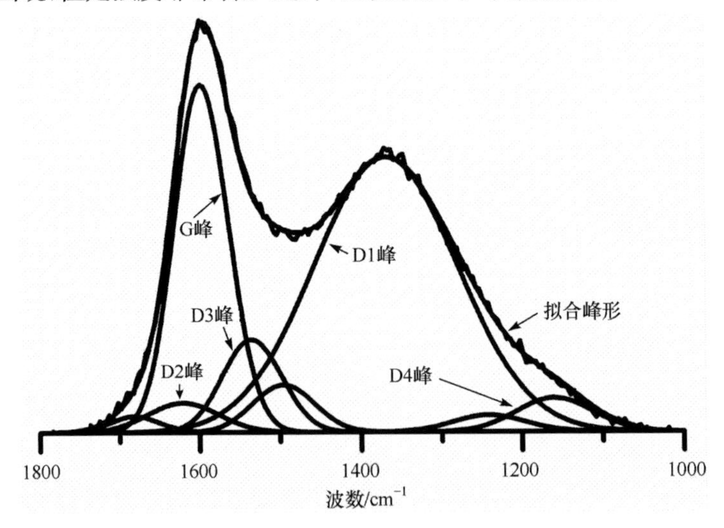

图 6-9　样品的分峰处理图

Fig. 6-9　Curve-fitting of the samples used

1238～1283cm^{-1}、1457～1496cm^{-1}和 1679～1682cm^{-1}处。

选择一些拉曼光谱参数表征碳材料的结构分布特征，如频率(frequency)、半峰宽(full width at half maximum，FWHM)和强度比(intensity ratio，ID1/IG)。其中，ID1/IG 值是取决于 D1 和 G 峰之间的合成面积，用来表示样品的有序性特征。得到的参数数值见表 6-6。从表 6-6 中可以看到，树皮体与镜质组具有相近的 ID1/IG 值，但树皮体的 FWHM-D1 高于镜质组，这表明树皮体相比于镜质组，其化学结构具有较高的无序性特征。

表 6-6　样品的拉曼光谱参数表

Table 6-6　Raman parameters obtained on the samples used

样品	w-D1/cm^{-1}	FWHM-D1/cm^{-1}	w-G/cm^{-1}	FWHM-G/cm^{-1}	ID1/IG
M-1	1363	168	1592	87	1.52
VS	1368	169	1591	77	1.88
BaS	1368	209	1596	80	2.08
M-5	1355	152	1597	78	1.48

注：w-D1 为 D1 键波数(wavenumber of D1 band)；FWHM-D1 为 D1 的最大半峰宽(full width at half maximum of D1 band)；w-G 为 G 键波数(wavenumber of G band)；FWHM-G 为 G 的最大半峰宽(full width at half maximum of G band)；ID1/IG 为强度比(intensity ratio)；M-1 与 M-5 均指树皮煤。

6.3　树皮煤(体)物理结构特征

6.3.1　原子力显微镜观察

1. 不同显微组分的原子力显微镜图像特征

图 6-10～图 6-13 表示利用原子力显微镜(AFM)原位测试样品 LP5-1 中的树皮体、孢子体、镜质体、丝质体的三维成图及横切面分析。

图 6-10～图 6-13 从左向右依次为每个样品的 AFM 二维形貌图、三维表面形貌图及画线位置相应的横切面分析图，颜色亮色部分表示突起，颜色较暗区域为凹陷。从图 6-10～图 6-13 中可以看出，LP5-1 中树皮体、孢子体、镜质体、丝质体的表面呈现凹凸不平的特征，树皮体呈一定展布方向的纤维状或不规则的条带状相间分布。孢子体则呈现一定程度的团块状、粒状结构，颗粒大小混杂，粒径约为几十纳米至 100nm 以上，表面发育孔隙。镜质体则明显区别于树皮体，其表面显示了较为清晰的不规则网络状结构，颗粒比较均一，孔隙较多，呈较为有序的排列，结构较为松散。丝质体则表现出规则的网状结构，颗粒大小均一，排列紧密。

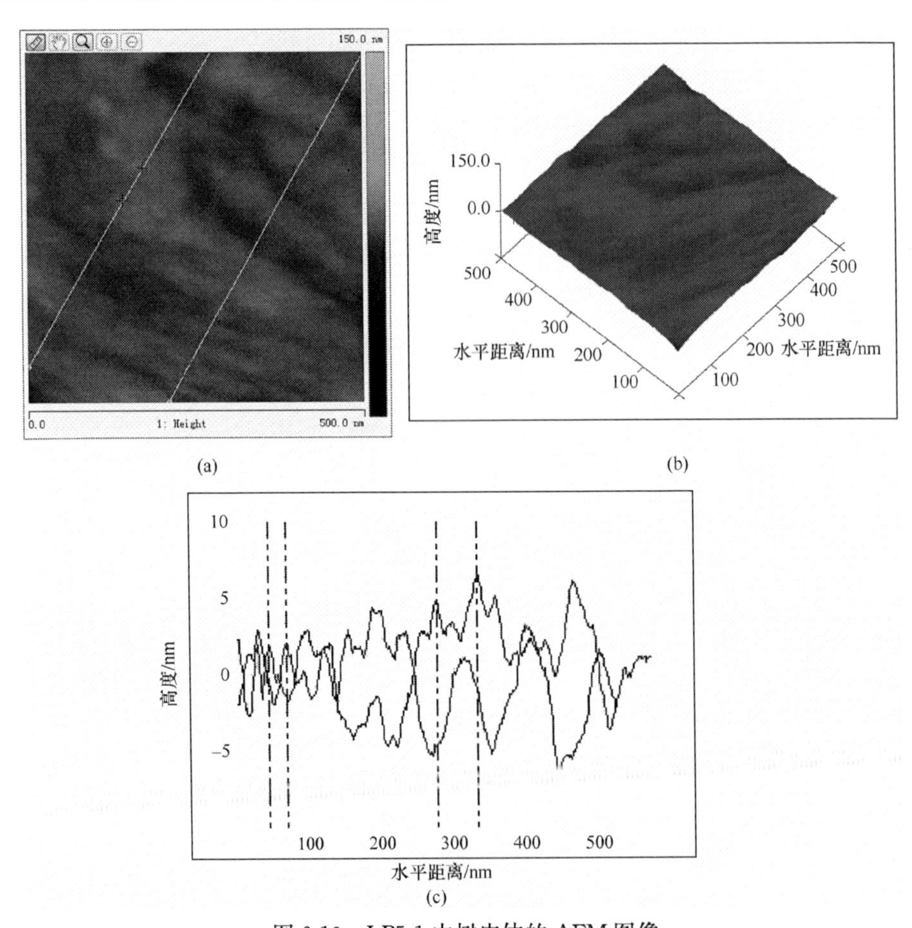

图 6-10　LP5-1 中树皮体的 AFM 图像

Fig. 6-10　AFM image of Barkinite of LP5-1

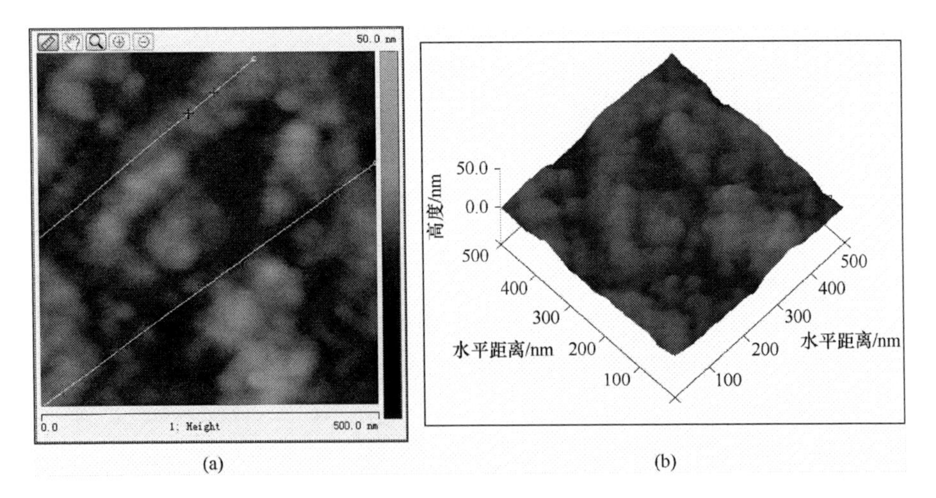

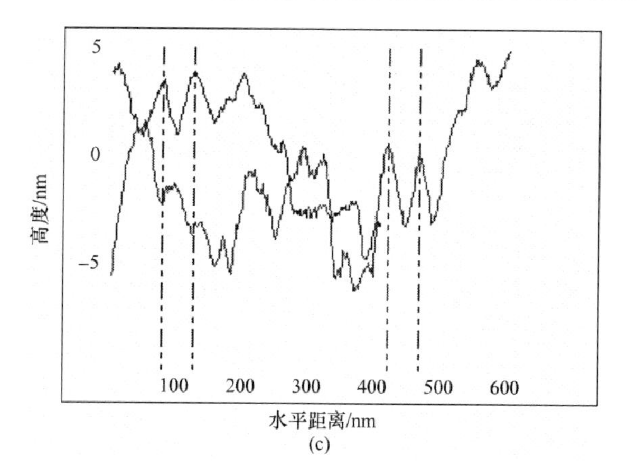

图 6-11　LP5-1 中孢子体的 AFM 图像
Fig. 6-11　AFM image of Sporinite of LP5-1

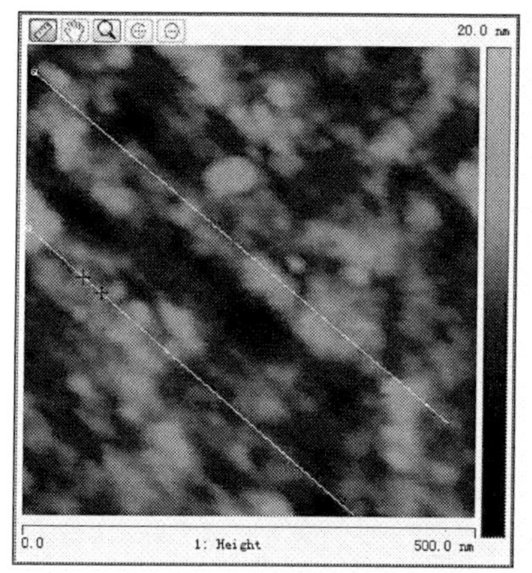

(a)

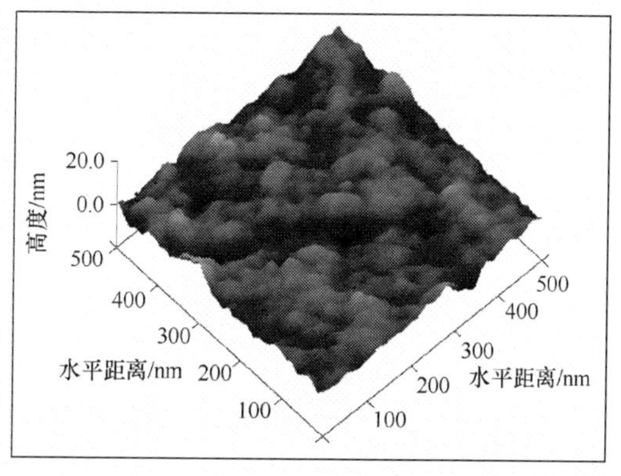

(b)

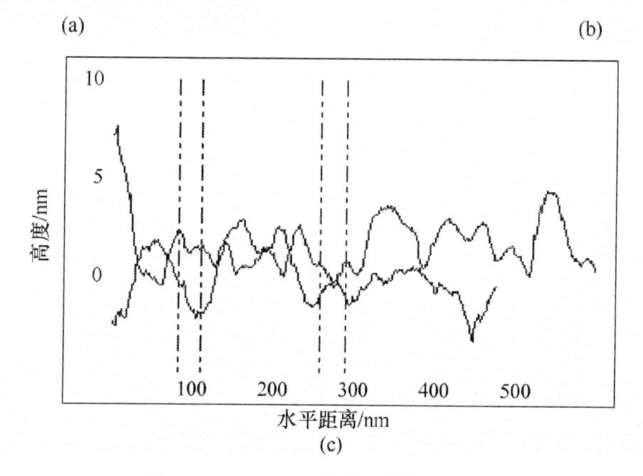

图 6-12　LP5-1 中镜质体的 AFM 图像
Fig. 6-12　AFM image of Vitrinite of LP5-1

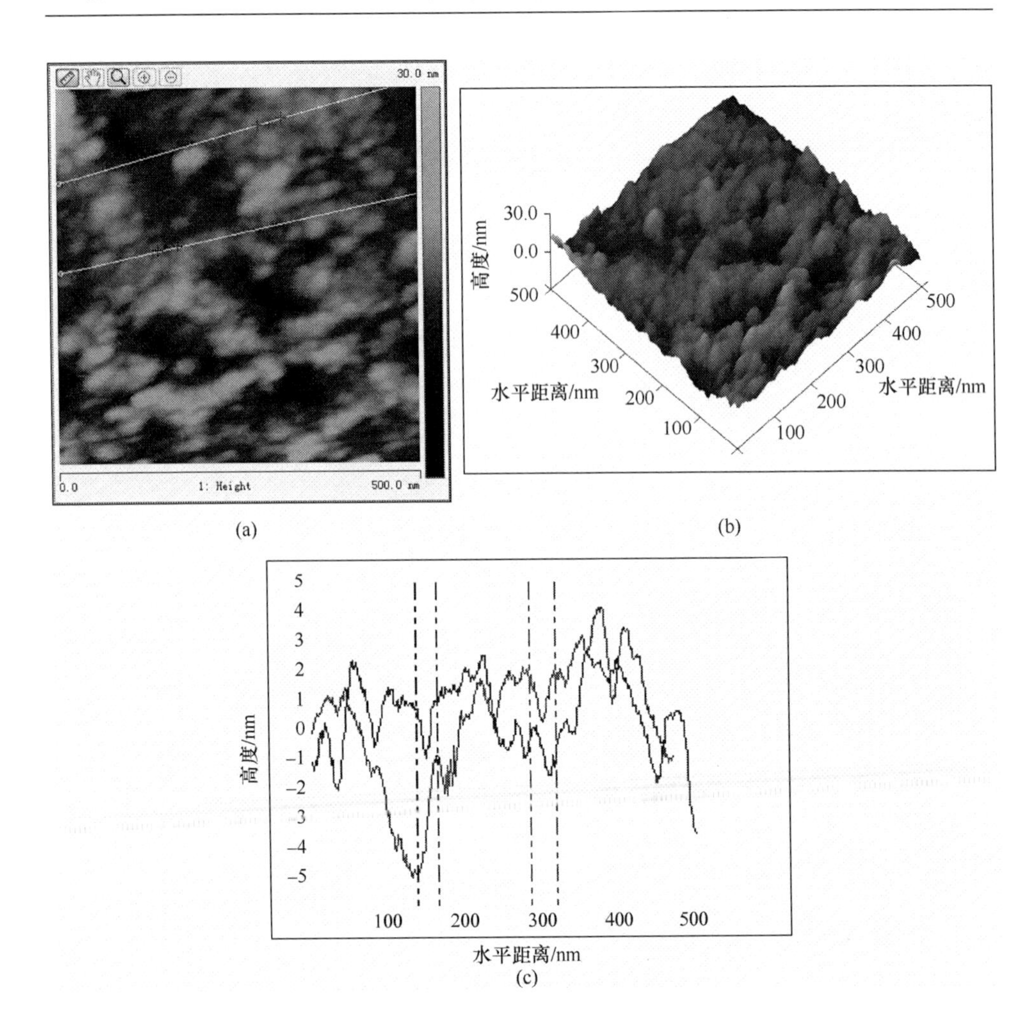

图 6-13　LP5-1 中丝质体的 AFM 图像

Fig. 6-13　AFM image of Fusinite of LP5-1

以上表明，树皮体的表面结构主要是呈纤维状，而同一变质程度下的镜质体比树皮体要明显有序，呈不规则网状排列，丝质体则呈现出规则的网状结构。

参数分析如下。

利用 Nanoscope 技术对样品 AFM 图像的表面性质（粗糙度、横切面性质）进行了分析，得到相关参数（表 6-7）及横切面图像如图 6-10(c)、图 6-11(c)、图 6-12(c)和图 6-13(c)所示。

表 6-7　LP5-1 中显微组分的 AFM 参数

Table 6-7　Amplitude parameters of macerals in LP5-1

样品	粗糙度/nm		横切面分析/nm
	R_a	R_q	RMS
树皮体	2.44	3.06	1.32
孢子体	2.61	3.22	1.92
镜质体	1.44	1.85	0.859
丝质体	2.18	2.82	0.688

注：R_a 为平均粗糙度(the mean roughness)；R_q 为表面粗糙度(root mean square roughness)；RMS 为均方根(root mean square)。

表 6-7 中的 R_a 表示平均粗糙度，是最普遍用来表征样品表面整体粗糙程度的参数；R_q 通过统计学的计算也是描述表面粗糙度的指数；RMS 为均方根，是轮廓线与平均线垂直偏差的方均根。从表 6-7 可以发现，树皮体与孢子体的 R_a、R_q 值较大，其次是丝质体、镜质体。表 6-7 显示，树皮体和孢子体表面最粗糙，其 RMS 值远高于镜质体和丝质体，丝质体的表面结构粗糙度最小，RMS 的值为 0.688。根据图 6-10(c)中的横切面示意图来看，树皮体表面起伏较大，条带间的距离为 20～60nm，孔隙不发育。孢子体中孔隙较大，多为中小孔，孔径在几十纳米至 100 多纳米[226]。镜质体发育大量孔隙，且气孔多呈椭圆形和圆形，直径在 30nm 左右的小孔为主，表面起伏不大。丝质体表面微孔隙(小孔、微孔为主)增多，孔隙较为均匀，起伏较小。另外，AFM 横切面图中存有较深的凹陷，显微镜下观察认为是由于样品在抛光过程中产生的划痕。

2. 不同煤级煤中树皮体的大分子结构特征

以 LP5-1、D407-13 和 WJZ3-3 三个不同煤级树皮煤为样品，对其中的树皮体进行 AFM 测试，扫描范围逐渐缩小，最终选择效果清楚的 500nm×500nm 扫描范围图像，经软件处理后得到不同煤级煤中树皮体表面结构 AFM 图像(图 6-14 和图 6-15)。

图 6-14 和图 6-15 中从左向右依次是每个样品的 AFM 二维高度图、三维效果图和二维形貌图上画线部分的横切面分析图。结合 LP5-1 的树皮体 AFM 图像(图 6-10)，从扫描图像来看，低煤级煤中树皮体的表面明暗相间，显示为纤维状、不规则条带状；D407-13 的 AFM 图像中条带状更加明显的沿一定方向延展，有序排列，明暗颜色所代表的凹凸部分相间分布，三维形貌图中显示颜色较亮部分为表面突起，而暗色区域为凹陷。在煤级较高的 WJZ3-3 中，则可以看出明显的网状结构，树皮体表面突起的颗粒大小较为均匀，约 35nm，并呈不规则排列，颗粒与孔隙相间分布，结构较为松散。

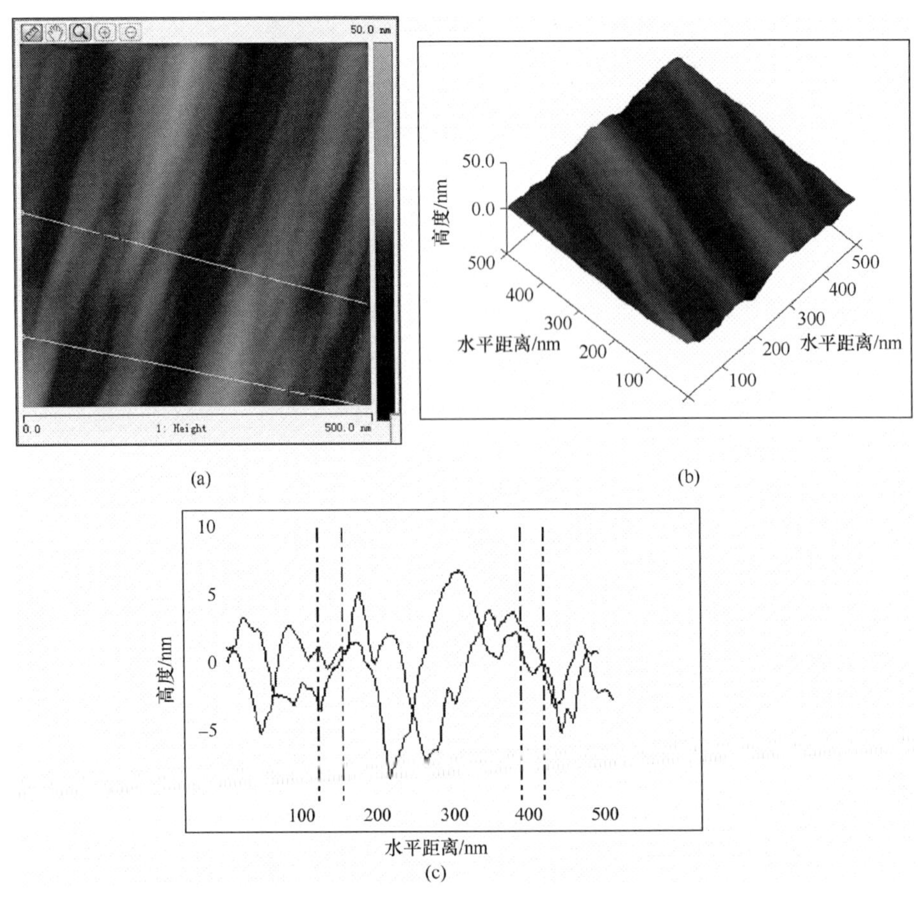

(a)　　(b)

(c)

图 6-14　D407-13 中树皮体的 AFM 图像

Fig. 6-14　AFM image of Barkinite of D407-13

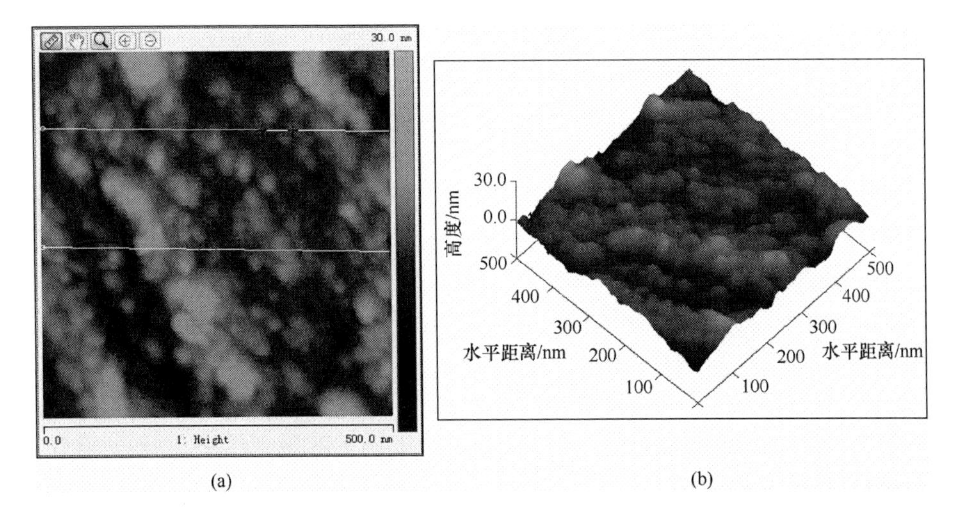

(a)　　(b)

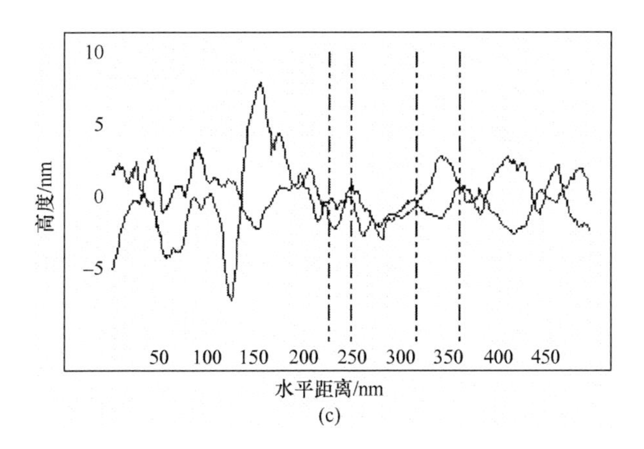

(c)

图 6-15　WJZ3-3 中树皮体的 AFM 图像

Fig. 6-15　AFM image of Barkinite of WJZ3-3

从 LP5-1 到 WJZ3-3 树皮体二维、三维形貌图的变化中可以得出，随着煤级的增高，树皮体从低煤级的纤维状为主的大分子结构逐渐趋于较为规则的网格状表面结构；另外，发现较高煤级的树皮体 AFM 图像显示的表面形貌特征与低煤级的镜质体较为相近。

参数分析如下。

利用软件的计算分析，得到表征不同煤级煤中树皮体粗糙度和孔径大小的相关 AFM 参数(表 6-8)：R_a、R_q、RMS 及横切面图像(图 6-14(c)和 6-15(c))。

表 6-8　不同煤级树皮体的 AFM 参数

Table 6-8　Amplitude parameters of Barkinite in different ranks

样品(树皮体)	粗糙度/nm		横切面分析/nm
	R_a	R_q	RMS
LP5-1	2.44	3.06	1.32
D407-13	2.41	3.15	1.61
WJZ3-3	2.17	2.79	0.718

横切面图像(图 6-10(c)、图 6-14(c)和图 6-15(c))显示，低煤级 LP5-1 中的树皮体表面起伏较大，R_a、R_q 值较高，突起的条带间距离为 20～60nm，高度差在 10nm 左右。D407-13 中树皮体的孔径在 30nm 左右，突起与凹陷部分的高度大致均在 5nm 以下。而在较高煤级的 WJZ3-3 中，树皮体的大分子结构中孔隙发育，并演变为以微孔和小孔为主的较为有序的网状，其粗糙度的值也较低，R_a 为 2.17，R_q 为 2.79(表 6-8)。分析表明，这可能是树皮体在变质过程中，脂族侧链不断裂解、脱落，芳核结构不断缩聚导致。需要说明的是，横切面上显示的较明显的突起

与凹陷可能与样品制作过程中产生的摩擦痕迹等有关。

分析相关参数发现，随着煤级的增加，树皮体表面结构逐渐趋于较规则的网状，颗粒大小趋于均一，孔隙发育并以微小孔为主；而表征粗糙度的 R_a 和 R_q 的值也随着煤级的增加，基本上呈下降趋势。同时进一步发现，高煤级 WJZ3-3 中树皮体的 AFM 参数特征与低煤级的镜质体较为相近。由于样品之间煤级相差不大，所以 R_a 与 R_q 等相关参数的值变化不明显，有待样品的后续补充加以佐证。

通常认为，煤在演化过程中随着侧链逐渐断裂、缩短，芳环体系发生不断缩合，芳构化程度增加。不同煤级煤中树皮体的 AFM 图像变化恰好佐证和反映了这一逐渐有序化的过程，即从低煤级的纤维状，逐渐变为粒状、不规则网状，到排列较规则的网格状结构。而样品表面逐渐发育的孔隙，也被定量分析认为是煤在该过程中发生生气和聚气作用形成的变质孔[227]。

6.3.2 高分辨透射电子显微镜观察

通过高分辨透射电子显微镜（HRTEM）对样品进行观察并进行图像获取（图 6-16 和图 6-17）。从图 6-16 和图 6-17 可以看出，与镜质体相比，树皮体的无序性比较明显。

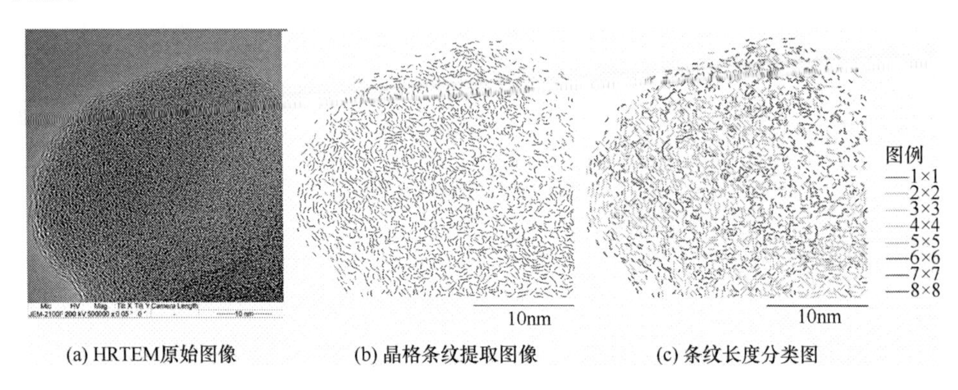

(a) HRTEM原始图像　(b) 晶格条纹提取图像　(c) 条纹长度分类图

图 6-16　树皮体的 HRTEM 原始图像、晶格条纹提取图像和条纹长度分类图

Fig. 6-16　Original HRTEM micrograph, lattice fringe-extracted image and colored by length image of Barkinite

为界定图像中样品边缘和提高样品中每个晶格条纹的识别度，需要对 HRTEM 图像进行初步的处理并且矢量化，然后对图像中的每个晶格条纹进行逐一的定位和提取，并计算其所得的长度。

利用 HRTEM 技术和图像处理方法提取的晶格条纹的第一步是将图像中的样品的边缘进行界定，并运用图像处理软件 Photoshop 将图像转化为二进制图像从而进行整个图像的矢量化。矢量化后的图像对其每一条晶格条纹进行提取的工作，提取条纹后根据比例尺对其长度进行计算。其中条纹长度小于 3Å（1Å＝

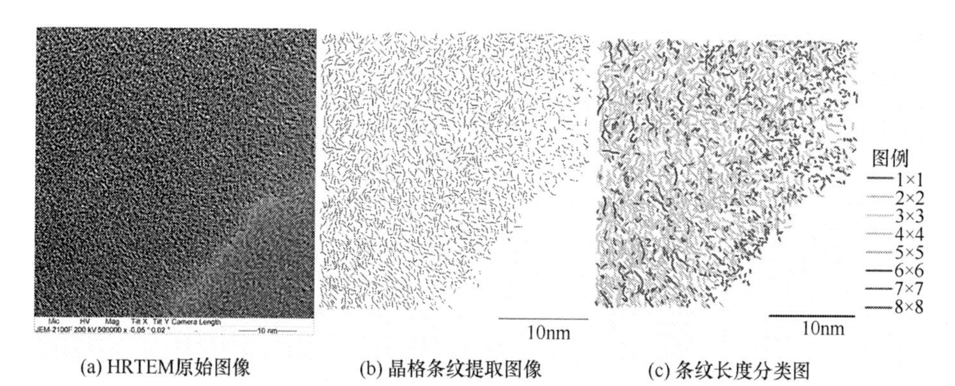

(a) HRTEM原始图像　(b) 晶格条纹提取图像　(c) 条纹长度分类图

图 6-17　镜质体的 HRTEM 原始图像、晶格条纹提取图像和条纹长度分类图

Fig. 6-17　Original HRTEM Micrograph, lattice fringe-extracted image and colored by length image of Vitrinite

0. 1nm)的根据前人的研究结论归为信号干扰而不给予考虑。

每个芳香层片具有一定的不规则性,这给确定芳香层片芳环的数量及其归属时带来了一定的困难。通过利用软件 Arcgis 计算单一芳香层片最大长度和最小长度,得出长度平均值,并依此确定不同芳香层片的芳香环数(表 6-9)。

表 6-9　HRTEM 晶格条纹归属分类表[103]

Table 6-9　Assignment of parallelogram-shaped aromatic fringes from the HRTEM fringe data

芳香环数	平均长度/Å	归属长度范围/Å
萘	3. 9	3. 0～5. 4
2×2	6. 0	5. 5～7. 4
3×3	9. 3	7. 5～11. 4
4×4	12. 7	11. 5～14. 4
5×5	16. 0	14. 5～17. 4
6×6	19. 4	17. 5～20. 4
7×7	22. 8	20. 5～24. 4
8×8	26. 1	24. 5～28. 4

对树皮体和镜质体的芳香层片分布特征进行了统计与整理,所有确定后的芳香晶格条纹的长度都不超过 30Å,各个不同的芳香层片所占的比例见图 6-18。从图 6-18 得到,镜质体和树皮体所包含条纹种类各自所占的比例较为接近,均以低环数的芳香层片为主,其中萘、2×2 和 3×3 的芳香层片为主要,其次是 4×4 和 5×5 芳香层片,而 6×6、7×7 和 8×8 芳香层片含量很少。相比于镜质体,树皮体含有较高的萘和 2×2 芳香层片。而镜质体含有较高的大分子芳香层片,如 3×3、4×4

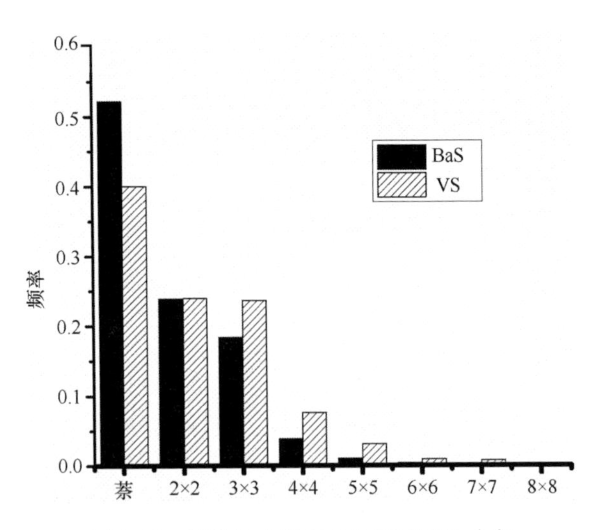

图 6-18　镜质体和树皮体的芳香层片分布

Fig. 6-18　Aromatic fringe distribution for Vitrinite and Barkinite

和 5×5 芳香层片。

造成镜质体与树皮体芳香晶格存在差异性可能有如下原因：首先树皮体与镜质体的成煤植物来源不一，镜质体主要由植物的木质-纤维组织经凝胶化作用转化而成，而树皮体则由植物的茎和根等外部栓质化组织形成；其次，镜质体在成煤过程中主要受凝胶化作用影响，而树皮体则有赖于外界的条件如 pH、微生物等降解作用。不同的植物来源和成煤作用也决定了两显微组分的化学结构的差异，镜质体比树皮体的芳香晶格结构单元较大、芳香层片排列更规则，芳香度较高，而树皮体则明显表现高度无序的排列特征。

由于树皮体和镜质体的失重剧烈区间主要集中在 370～550℃，且在 450℃左右达到最大，所以选择 350～500℃温度区间，研究树皮体和镜质体受热过程中化学结构特征的变化。处理后的图像如图 6-19（树皮体）和图 6-20（镜质体）所示，得到的晶格条纹的长度分布特征如图 6-21（树皮体）和图 6-22（镜质体）所示。

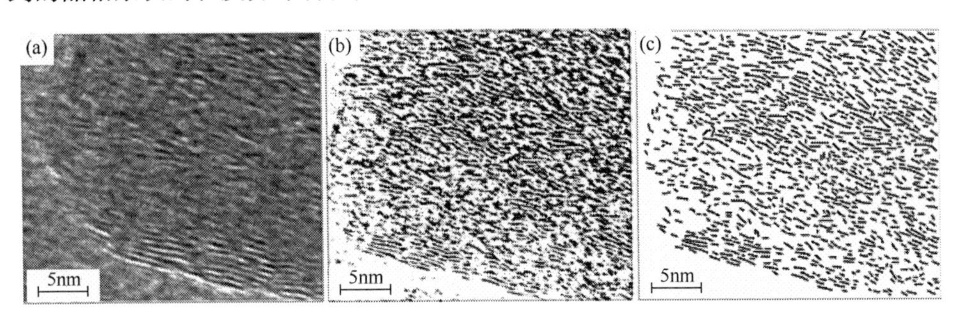

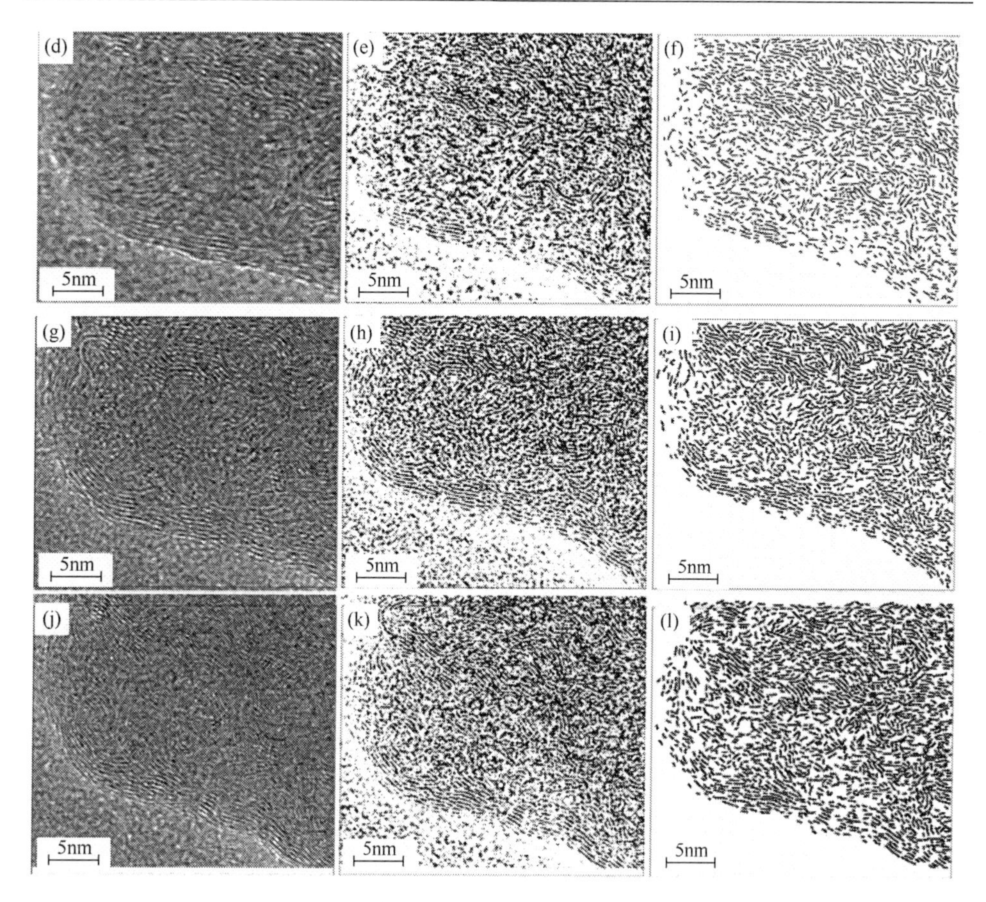

图 6-19　处理的树皮体 HRTEM 原图、矢量图和提取图

Fig. 6-19　HRTEM images and the corresponding skeletonized images of Barkinite

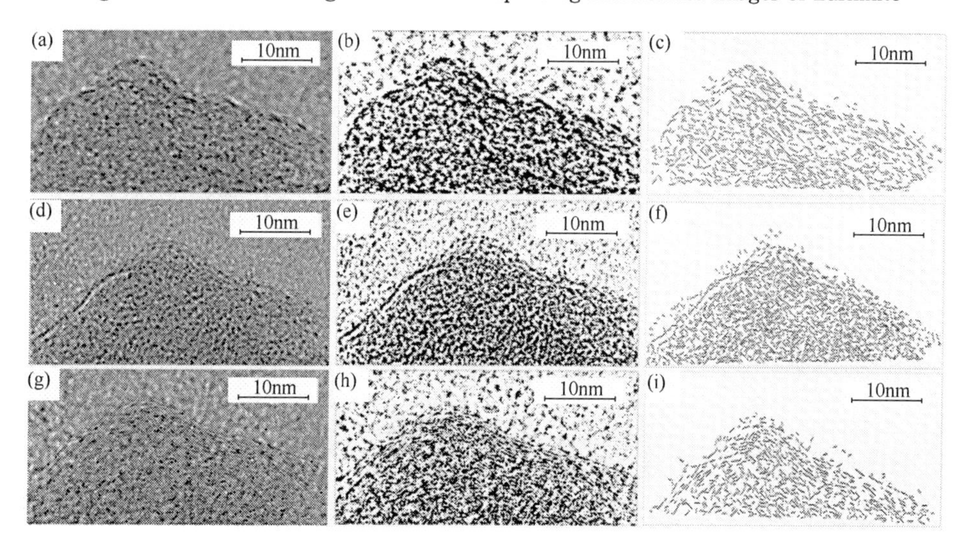

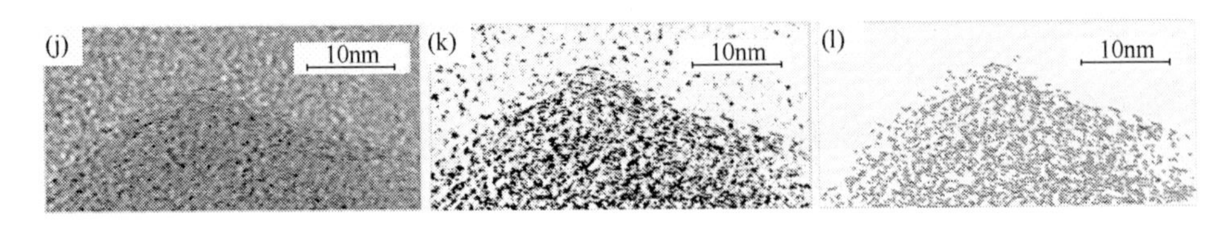

图 6-20　处理的镜质体 HRTEM 原图、矢量图和提取图

Fig. 6-20　HRTEM images and the corresponding skeletonized images of Vitrinite

从图 6-19 和图 6-20 可以看出，对于树皮体和镜质体，二者在 350℃之后，芳香层片具有清楚的定向性，随着温度的继续升高，其定向性更加明显，且在 400℃之后，树皮体的芳香层片部分堆积在一起，而镜质体约在 450℃，这个特征比较明显。从图 6-21 和图 6-22 分析得到，在 350～500℃温度区间，随着温度的逐渐升高，树皮体和镜质体中的萘含量增加，在 450℃时，其萘的含量达到最高，之后在 500℃稍微有所下降。而相应的 3×3 和 4×4 芳香层片的比例在下降，2×2 芳香层片变化不大，在 500℃左右时，其 3×3 芳香层片又有所增加。这与加热状态下，二者组分的化学结构变化有关。过去的研究已经表明，树皮体具有的明显化学结构特征是富含脂肪族，尤其是 CH_2 官能团，因此，在此温度区间对样品进行加热，大部分脂肪族和含氧结构会消失，与此同时，也会发生聚合反应，致使芳香层片的排列规则明显。

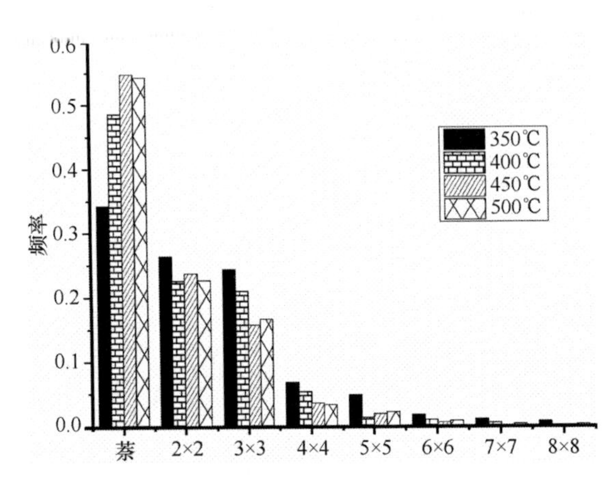

图 6-21　树皮体芳香层片分布特征

Fig. 6-21　Aromatic fringe distribution of Barkinite

从图 6-21 和图 6-22 进一步得到，在 350～500℃温度区间，在同一温度下，树皮体和镜质体含有的芳香条纹种类相似，其含量以萘、2×2 和 3×3 芳香层片为主，其次是 4×4 和 5×芳香层片，其他条纹含量均较低。相比较而言，树皮体含有的萘含量高于镜质体，而二者的 2×2 芳香层片含量相近。但镜质体中的 3×3 芳

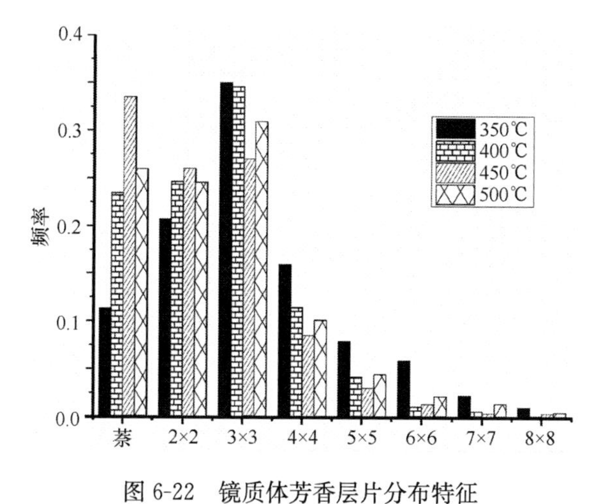

图 6-22　镜质体芳香层片分布特征

Fig. 6-22　Aromatic fringe distribution of Vitrinite

香层片、4×4 和 5×5 芳香层片的含量高于树皮体，这表明镜质体比树皮体的化学结构更加芳构化。

6.3.3　微晶结构的 X 射线衍射研究

图 6-23 为原煤(LP5-1)和手选的镜质体、树皮体的 X 射线衍射(XRD)测试谱图。从图 6-23 中可以发现，三个样品的 XRD 图谱上均存在两个较为明显的衍射峰，其对应的衍射角 2θ 分别位于为 20°和 43°附近。第一个衍射峰峰形最为明显，它由 γ 峰带和 002 峰带重叠所构成[228, 229]，其中 002 峰属于聚合的芳环碳衍射峰

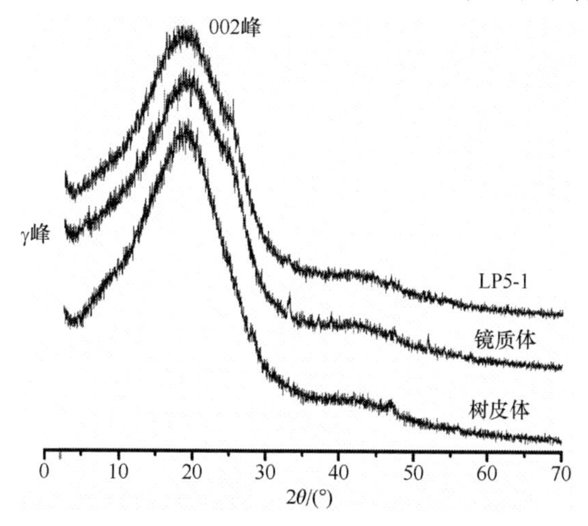

图 6-23　LP5-1 的原煤、镜质体及树皮体的 XRD 谱图

Fig. 6-23　XRD spectra of whole coal and individual macerals

(2θ在20°左右)，由缩聚芳核形成；位于002峰左侧位置的为指代脂族部分的γ峰(2θ在11°左右)，该峰带的形成与脂肪支链、官能团等微晶结构有关。

根据图6-23中所示可以明显看出，树皮体的XRD图谱中第一个衍射峰(γ峰和002峰处)的峰形比原煤(LP5-1)、镜质体的002峰对称且峰宽较窄，呈现的峰形较尖锐。而在100衍射峰处，树皮体的峰高则弱于LP5-1和镜质体的峰高。而镜质体与树皮煤原煤的XRD图谱较为接近。

参数分析如下。

利用相关软件对XRD图谱进行处理，得到图谱中特征峰的相关数据，表征树皮煤、镜质体与树皮体中微晶结构特征的参数，参照下列公式进行计算[230]：

$$d_{002}=\lambda/2\sin\theta_{002} \quad (6\text{-}4)$$

表征芳香层片的层间距，式中λ为X射线的波长，1.5405Å；θ_{002}为对应峰位的衍射角，(°)。

$$L_c=0.94\lambda/(\beta_{002}\cos\theta_{002}) \quad (6\text{-}5)$$

表示芳香层片有效堆砌高度，式中β_{002}表示的是002峰的半峰宽值。

$$L_a=1.84\lambda/(\beta_{100}\cos\theta_{100}) \quad (6\text{-}6)$$

表示芳香层片直径，式中β_{100}为100峰的半峰宽值，θ_{002}为对应峰位的衍射角。

$$M_c=L_c/d_{002} \quad (6\text{-}7)$$

表示在一个芳核中的芳香片的有效层数[231]。

表6-10为所测样品的XRD参数。从表6-10中可以看出，与LP5-1、树皮体相比，镜质体拥有最小的芳香层片层间距(d_{002}为4.29Å)，其次是LP5-1，而树皮体的d_{002}值最大(d_{002}为4.66Å)；镜质体的芳香层片的直径(L_a)及有效堆砌高度(L_c)最大，分别为8.02Å、14.67Å，树皮体相对较小，表明镜质体的芳香层片排列比树皮体紧密规则，并且芳香微晶结构定向程度也相对较高，结构趋于稳定，而树皮体恰恰相反。这也再一次佐证了本书在前面实验部分得到的结论：与镜质体相比，树皮体的芳构化程度和芳环缩合程度较弱。另外，根据芳香层片的堆砌高度与层间距得出的芳香片的有效层数数值，尽管树皮体低于镜质体，然而相差不大，分别为1.56Å与1.87Å，分析认为这可能与镜质体和树皮体均选自同一树皮煤样品(LP5-1)中有关。

表6-10 LP5-1原煤、镜质体及树皮体的XRD参数

Table 6-10 XRD parameters of LP5-1 and individual macerals

样品	θ_γ/(°)	θ_{002}/(°)	θ_{100}/(°)	d_{002}/Å	L_c/Å	L_a/Å	M_c
LP5-1	5.54	9.66	21.64	4.59	6.93	14.58	1.51
镜质体	6.55	10.34	21.62	4.29	8.02	14.67	1.87
树皮体	5.04	9.52	22.12	4.66	7.24	11.36	1.56

第 7 章　树皮煤(体)的热解反应

7.1　煤的一般热解反应

热解是煤转化工艺的第一步。热解是在无氧的条件下,煤受热而导致有机物质的分解。有关煤热解的研究始于 18 世纪末期。热解行为一个最主要的特征是“去挥发分”,从而形成气体、液体和固体物质。针对煤热解的行为,已经有了大量的研究[232～236]。虽然煤热解的机理非常复杂,但对于大多数煤,煤热解行为一般可以分三步来描述。对于黏结性烟煤,可以分为干燥脱水、脱气阶段(室温～300℃)、胶质体的生成和固化阶段(300～550℃)和半焦转化为焦炭的阶段(550～1050℃)[28]。而非黏结性煤的热解过程与黏结性煤基本相似,只是在热解过程中没有胶质体生成。每一步发生的反应都不一样,当温度低于 150℃,煤含的水分和部分气体被挥发掉,发生的主要反应为氢键的断裂,此后随着温度升高到 550℃过程中,煤大分子结构中的化学键开始分解形成自由基碎片,这些自由基碎片被可利用的氢所稳定,形成轻物质,形成的物质有二氧化碳、脂肪族化合物和水等,当温度在 550～800℃时,芳香结构的物质开始生成焦油,同时伴有一些气体产出,如一氧化碳、氢气和甲烷等。

热解过程的失重行为和产品的组成受多种因素影响,如温度、加热速率、粒度、矿物质、煤级和煤的显微组分等[237～240]。Tasi[241]研究了在大气气氛下,烟煤中显微组分对热解特性的影响,三个显微组分的失重先后顺序为稳定组>镜质组>惰质组。Strugnell 等[242]研究了两个烟煤和一个褐煤中显微组分的加氢快速热解,不同显微组分的热解产品总产生率不同,在同一条件下,三个显微组分的先后顺序为稳定组>镜质组>惰质组。Cai 等[243]也讨论了显微组分富集煤样的热解特性,结果显示总挥发分释放的先后顺序也为稳定组>镜质组>惰质组。

本书中,热解特征参数定义如下:T_s 为开始强烈热解时的温度,℃;T_{end} 为强烈热解结束时的温度,℃;T_{max} 为热解速率最大时的温度,℃;M_R 为最大热解速率,%/℃;W_1 为强烈热解时的失重率,%;W_2 为总失重率,%;W_1/W_2 为强烈热解时的失重率与总失重率之比。

7.2　树皮煤的热解反应

7.2.1　树皮煤的热解特征

表 7-1 列出了煤热重分析得到的一些有意义的参数。从表 7-1 中可以看出，在升温速率为 10～25℃/min 条件下，所有煤样的开始强烈热解时的温度(T_s)都高于 370℃，而热解速率最大时的温度都低于 450℃。相比于加热速率为 10℃/min，在 15℃/min 和 25℃/min 加热的条件下，热解速率最大时的温度有增高趋势。失重的最大热解速率都高于 0.3%/℃，最大的一个是 LP-4 煤样，其值达到 1.11%/℃，表明这些煤的热解非常剧烈，而且树皮体含量高的煤的最大热解速率都高于相对树皮体含量低的煤。树皮煤的剧烈热解与其化学结构有关，在第 6 章中已经研究得到，树皮煤化学结构特征具有芳碳率低、直链脂肪烃高的特点。在煤的热解过程中，煤中基本结构单元的脂肪烃以及周围的侧链和官能团等，对热的稳定性差，极容易裂解，形成低分子化合物。而基本结构单元的缩合芳香烃部分相对稳定。

表 7-1　不同加热速率下热重特征参数

Table 7-1　Characteristic parameters of thermogravimetric analysis of coals studied at different heating rates

煤样	10℃/min				15℃/min				25℃/min			
	T_s/℃	T_{max}/℃	M_R/(%/℃)	W_1/W_2	T_s/℃	T_{max}/℃	M_R/(%/℃)	W_1/W_2	T_s/℃	T_{max}/℃	M_R/(%/℃)	W_1/W_2
LP	382	424	0.86	0.75	382	420	0.75	0.84	389	432	0.85	0.77
LP-2	384	411	0.52	0.61	389	423	0.50	0.58	389	435	0.46	0.65
LP-4	384	415	1.11	0.79	386	434	0.79	0.79	389	423	1.05	0.81
CG	394	430	0.63	0.68	397	439	0.62	0.68	407	437	0.65	0.71
CG-3	398	433	0.62	0.72	401	432	0.64	0.71	407	446	0.62	0.67
CG-5	398	435	0.56	0.66	403	438	0.53	0.69	406	447	0.52	0.68
DHB	377	420	0.41	0.61	382	431	0.41	0.62	382	428	0.42	0.61
DHB-3	382	421	0.57	0.70	382	428	0.57	0.69	391	435	0.59	0.71
DHB-6	378	424	0.35	0.60	384	428	0.34	0.62	384	427	0.32	0.60

图 7-1 和图 7-2 分别展示了所用煤样在加热速率为 10℃/min 情况下的失重率特征曲线和热解速率特征曲线，失重特征曲线表明煤样只有一个强烈热解失重区间，第一次明显的失重是在温度低于 150℃，这主要是由煤中含有的水分挥发导致。热解速率特征曲线表明树皮煤样也在 380～500℃有一个狭窄而尖的峰，这说

明煤样的热反应很强烈。绝大部分的 W_1/W_2 值都高于 0.60(表 7-1),这也表明所有煤样的热解都集中在 380～500℃完成,这可能与煤样含有高挥发分有关。实际上,煤样的总失重率和挥发分之间在显著性水平为 0.01 时呈明显的正相关关系(图 7-3(a))。

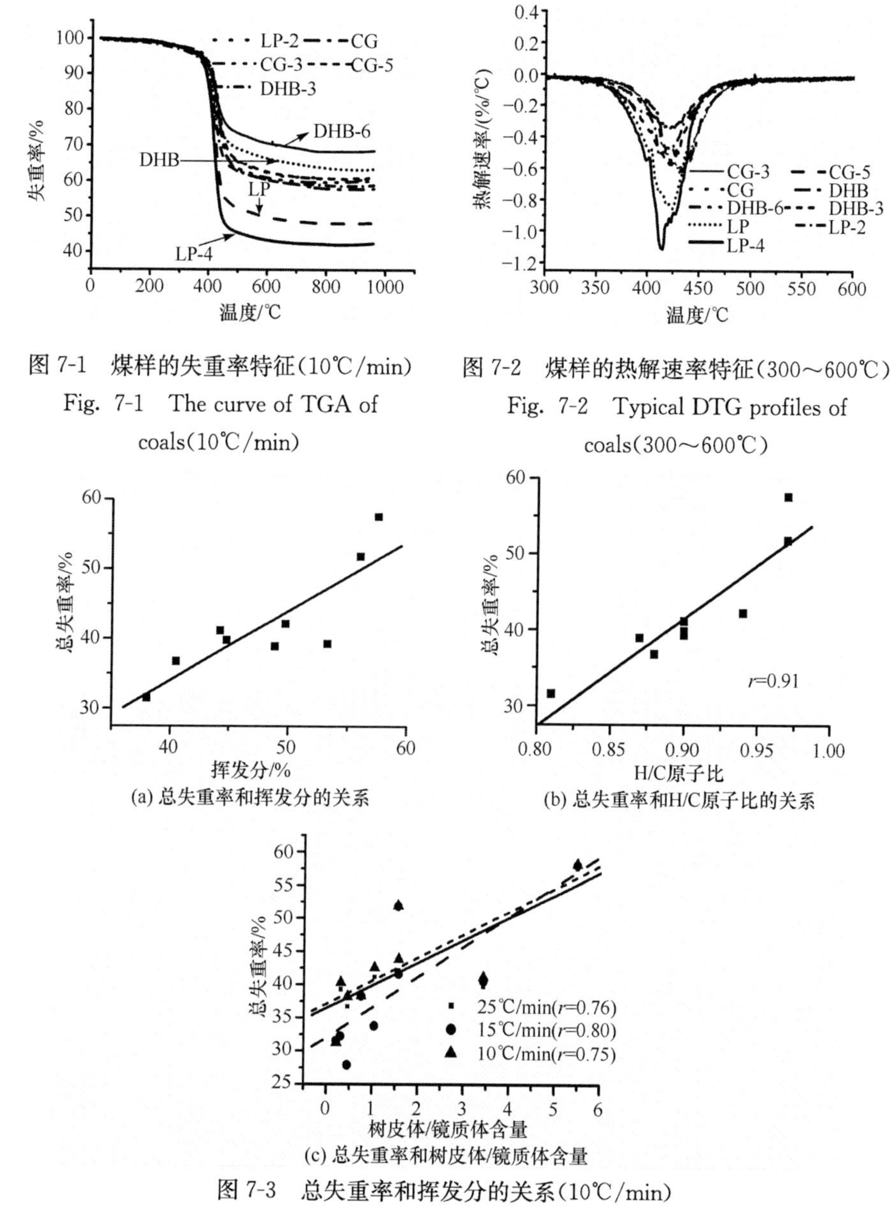

图 7-1　煤样的失重率特征(10℃/min)

Fig. 7-1　The curve of TGA of coals(10℃/min)

图 7-2　煤样的热解速率特征(300～600℃)

Fig. 7-2　Typical DTG profiles of coals(300～600℃)

图 7-3　总失重率和挥发分的关系(10℃/min)

Fig. 7-3　Correlation between(a) total mass loss and volatile matter(10℃/min);(b) total mass loss and H/C atomic ratio(10℃/min);(c) total mass loss and Barkinite/Vitrinite ratio

1) 总失重率(W_2)

如前所述,树皮煤的热解行为很剧烈。图 7-3(b)展示了煤样的热总失重率和煤的 H/C 原子比在显著性水平为 0.01 时呈明显的正相关性,也就是说,煤样的 H/C 原子比越高,其热解过程中的总失重率就越大。这一结果与 Arenillas 等[244]研究高氢含量的煤热重时得到的结论相似,作者指出煤的腐植组中有树脂或者油脂,或者吸收了类石油物质,而这些物质来自与煤共存的富含有机质的沉积岩。Iglesias 等[76]已经报道过富氢的腐植组或者镜质组能够提供足够的氢,从而提高加氢的过程,而能够降低热解过程中的缩聚反应。此外,图 7-3(c)表明煤样的热总失重率与树皮体和镜质组含量比在显著性水平为 0.01 时有明显的正相关性,也就意味着这些煤的热失重行为还与显微组分的含量有关。

2) 最大热解速率(M_R)

表 7-1 列出了在实验条件下得到的最大热解速率,从表 7-1 中可以看出,这些煤样的最大热解速率是不同的,最高的一个煤样可以达到 1.11%/℃。相比于加热速率为 10℃/min,在 15℃/min 和 25℃/min 加热的条件下,M_R 呈现降低的趋势,即温度每升高 1℃时煤样失重量反而有所下降,但不是很明显,可能是由于此时热解反应已经进行得很剧烈,热解产生的挥发分来不及从煤样中逸出,就是说产生的大量挥发分很难逸出,可能与树皮煤极强的流动性有关。图 7-4 表明煤样的最大热解速率与 H/C 原子比在显著性水平为 0.01 时有显著的正相关性,也就表明煤样中 H/C 原子比含量越高,其最大热解速率就越高,同时树皮体含量高的煤的最大热解速率都高于树皮体含量低的煤。煤中的树皮体含量对煤样的最大热解速率有一定的影响(图 7-5),这与煤的结构有关,因为第 6 章的结构分析已经表明,树皮煤的脂肪族含量较高,而 Guo 等[64]和 Sun[65]的研究也指出,树皮体的

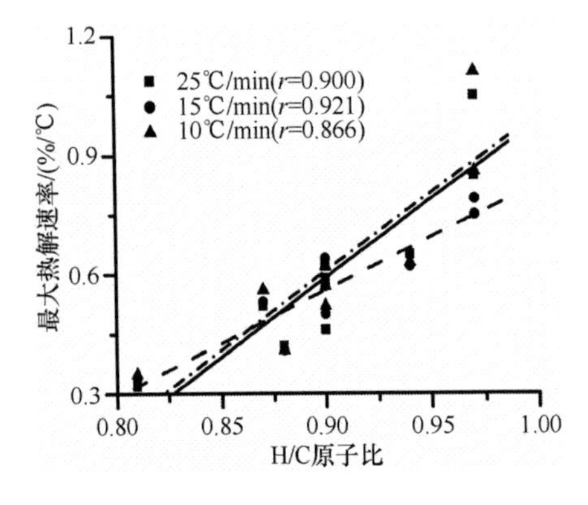

图 7-4 H/C 原子比与 M_R 的关系

Fig. 7-4 Correlation of H/C atomic ratio and M_R

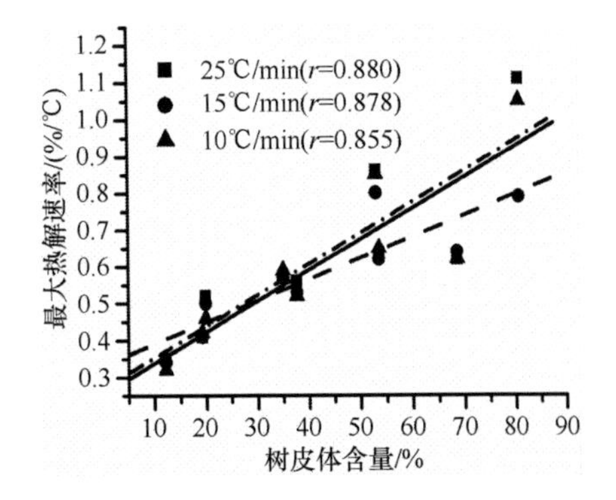

图 7-5 树皮体含量与 M_R 的关系

Fig. 7-5 Correlation of Barkinite and M_R

化学结构特征主要是富含长链的脂肪族而含有少量的芳香族，因此树皮体在加热情况下很容易分解成小分子物质。

7.2.2　加热速率对树皮煤热失重行为的影响

图7-6为不同升温速率下树皮煤的热重特征变化曲线。从热失重率特征曲线可以看出，温度从室温升至380℃，随着加热速率的升高，树皮煤的热解失重反应延迟。从400℃开始，样品的热解失重强烈。温度大于500℃时，失重减缓，热失重率特征曲线趋缓。从热解速率特征曲线可以得到，随着升温速率的升高，曲线整体向右侧偏移，热解速率特征的峰值相应减小，峰宽增大，热解速率最大值所对应的温度升高。当升温速率达到60℃/min时，峰值所对应的温度和峰的起始温度反而降低。

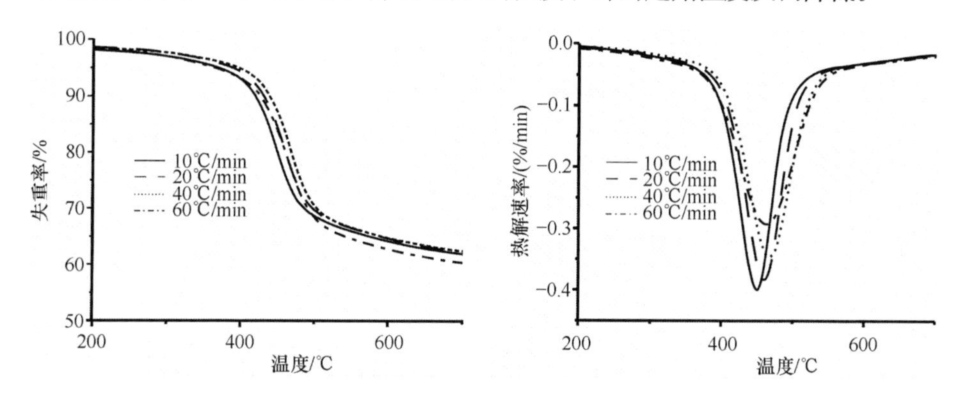

图7-6　不同升温速率下树皮煤LP5-1热解的热失重率特征和热解速率特征曲线图

Fig. 7-6　TGA and DTG spectra of LP5-1 at different heating ratios

7.3　不同显微组分的热解性质

7.3.1　树皮体的热重特性

图7-7为不同升温速率下树皮体样品的热失重率(TGA)和热解速率(DTG)曲线的变化情况。从TGA曲线中可以看出，树皮体在400℃之前，失重特征不明显，曲线平缓；400～500℃区间内曲线斜率增大，热解反应强烈，这是由于树皮体虽以芳香结构为主体，但是脂肪族化合物含量高，拥有较长的脂肪侧(边)链[168]。因此，树皮体在热解过程中易裂解形成低分子化合物，进而致使树皮体的热解反应剧烈。随着升温速率的增加，失重曲线明显向右侧高温区移动，树皮体中挥发分的初释温度升高，达到一定热解失重量的温度也随之升高；当加热至500℃时，TGA曲线变缓，失重率增加不明显。图7-7中不同升温速率下树皮体的DTG曲线显示，热解速率区间一般在370～550℃范围内，即该区间是树皮体热解最快的温度区

间。随着升温速率的增加，其最大热解速率降低，曲线最高峰的位置向右偏移，即对应于峰值的温度升高，且峰宽也随之增大。另外，实验发现，当升温速率达到60℃/min时，树皮体的TGA、DTG曲线的变化与升温速率却不呈规律性，TGA曲线的起始和终止温度并未升高，且DTG曲线的最高峰位置向低温区偏移，峰的起始温度显著降低。

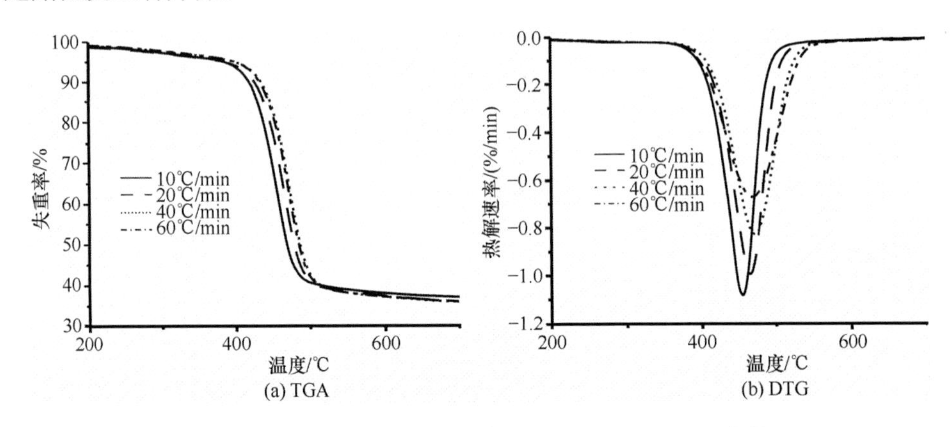

图 7-7　不同升温速率下树皮体热解的TGA和DTG曲线

Fig. 7-7　TGA and DTG spectra of Barkinite at different heating ratios

7.3.2　镜质体的热重特性

图7-8为不同升温速率下镜质体的热重曲线。TGA曲线显示，在镜质体热解的第一阶段(室温～380℃)，随着升温速率的增大，其热解失重反应延迟。从400℃开始，样品的热解失重强烈，而此时不同升温速率下的失重曲线右移没有树皮体明显；当温度高于500℃时，失重减少，TGA曲线趋缓。图7-8中DTG曲线的变化趋势与树皮体类似，即随着升温速率的升高，曲线整体向右侧偏移，DTG曲

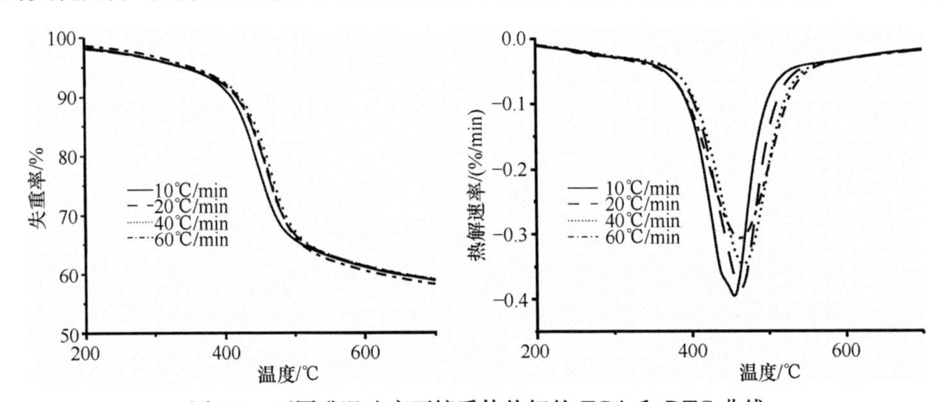

图 7-8　不同升温速率下镜质体热解的TGA和DTG曲线

Fig. 7-8　TGA and DTG spectra of Vitrinite at different heating ratios

线的峰值相应减小，峰宽增大，热解速率最大值所对应的温度升高。当升温速率达到 60℃/min 时，峰值所对应的温度和峰的起始温度反而降低。与树皮体的 DTG 曲线相比，镜质体的 DTG 曲线峰宽小于树皮体，且镜质体的最大热解速率均远低于树皮体的最大热解速率，但达到最大热解速率时的温度相差不大。

7.3.3　相同升温速率下树皮煤各组分的热解特性对比

由图 7-7 和图 7-8 可知，同一升温速率下树皮体和镜质体失重特征区别较大，尤其是当温度高于 430℃时，失重率依次为树皮体>树皮煤，且树皮体的热解反应最为剧烈。这是由树皮体的特性决定的，树皮体的挥发分产率高于镜质体，因此随着热解温度的升高，树皮体中挥发分得到最大释放。相比于镜质体，树皮体的 DTG 曲线峰形呈窄而尖的特征，这与孙旭光等[177]的研究相吻合，表明树皮体的最大热解速率远远大于镜质体，且峰值对应的温度区间小于同一升温速率下的镜质体，表明树皮体的热解反应剧烈且集中。

7.4　树皮煤(体)的热解-气相色谱/质谱研究

图 7-9～图 7-11 为煤样的热解产物特征，表 7-2 列出了鉴定的主要峰。从表 7-2 可以看出，所有的热解产品都以烷基苯、烷基苯酚、烷基萘、烷基菲以及一系列的烷

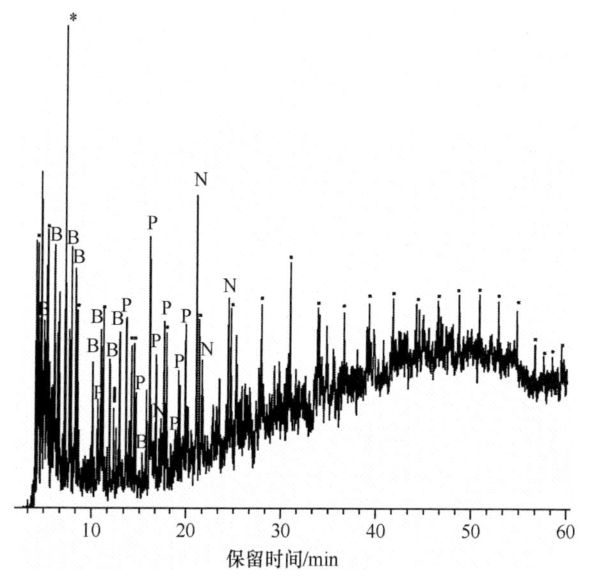

图 7-9　LP 煤样的 Py-GC/MS 谱图(0～60min)

Fig. 7-9　Py-GC/MS profiles of LP sample(0～60min)

黑点表示 *n*-烷烃/烯烃；B 代表烷基苯；

P 代表烷基苯酚；N 代表烷基萘；* 代表 1,1,3-三甲基环己烷

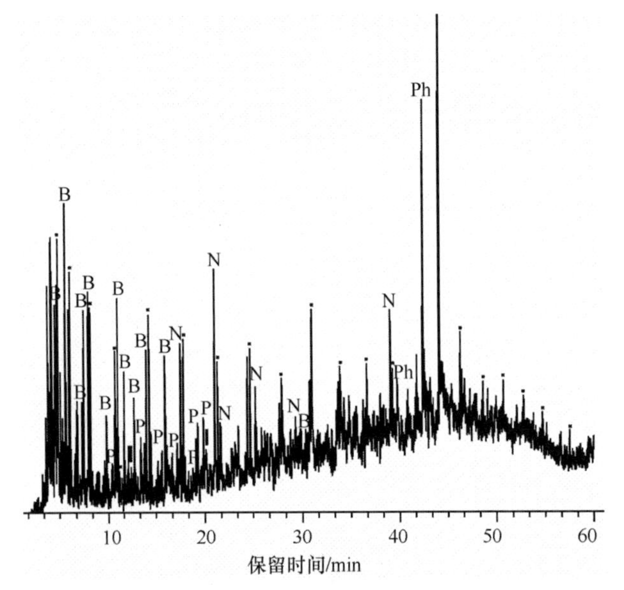

图 7-10　CG 煤样的 Py-GC/MS 谱图(0～60min)

Fig. 7-10　Py-GC/MS profiles of CG sample(0～60min)

黑点表示 *n*-烷烃/烯烃；

B 代表烷基苯；P 代表烷基苯酚；N 代表烷基萘；Ph 代表烷基菲

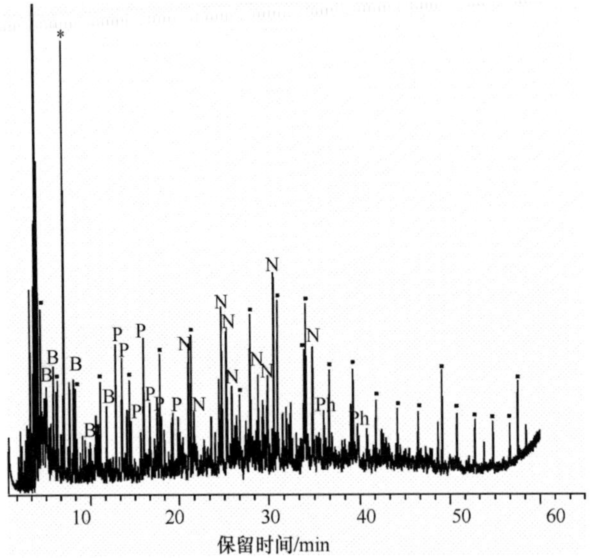

保留时间/min

图 7-11　DHB 煤样的 Py-GC/MS 谱图(0～60min)

Fig. 7-11　Py-GC/MS profiles of DHB sample(0～60min)

黑点表示 *n*-烷烃/烯烃；B 代表烷基苯；

P 代表烷基苯酚；N 代表烷基萘；* 代表 1,1,3-三甲基环己烷；Ph 代表烷基菲烃和烯烃组成，但各个产物在每个煤样中的分布不相同。LP 的 Py-GC/MS 图谱显示热解产品主要由 C_7～C_{30}直链烷基、烯烃以及烷基萘组成，其次是烷基苯酚以及少量的烷基苯，此外也可以看到有烷基噻吩出现，这可能与 LP 煤样含有高的有机硫含量有关。CG 的热解产物主要为烷基苯、烷基萘以及 C_7～C_{30}直链烷烃和烯烃，其次为烷基苯酚。而 DHB 煤样中的热解产物主要以烷基苯酚、烷基萘以及 C_7～C_{30}直链烷烃和烯烃为主，而烷基苯含量很少。在 CG 和 DHB 煤样中含有一定量的烷基菲，而在 LP 中含量很少。此外，取代化合物烷基的数量也不等，在 LP 和 CG 煤样中，取代苯的烷基数量为 C_0～C_4，而 DHB 煤样是 C_0～C_3，对于烷基萘，CG 和 DHB 的烷基取代个数为 C_0～C_3，而 LP 是从 C_0～C_2，而取代苯酚的烷基数量均为 C_0～C_3。

表 7-2　Py-GC/MS 的鉴定峰

Table 7-2　Identified peaks from Py-GC/MS of coals

化合物类型	特征碎片
C_7～C_{30} n-正烷烃	57+71
C_0～C_4 烷基苯	78+91+105+106+119+120+133+134
C_0～C_3 烷基苯吩	94+107+108+121+122+135+136
C_0～C_3 烷基萘	128+141+142+155+156+169+170
C_0～C_2 烷基噻吩	84+97+98+111+112
C_0～C_2 烷基菲	178+191+192+205+206

7.5　树皮煤的热解-气相质谱/红外光谱的研究

一般而言，在煤的热解过程中，经常伴随着芳香环之间桥键的断裂、杂原子官能团的分解以及大分子网络结构变成小分子碎片等。在此过程中，产生大量的气体，且受温度变化的影响。应用质谱和红外光谱结合的手段能够表征这些气体的逸出特征。

研究样品的一些气体的逸出曲线如图 7-12 所示，如氢气(m/z=2)、甲烷(m/z=16)、水(m/z=18) 和二氧化碳(m/z=44)。对于氢气，在 360～560℃温度区间，其主要是由煤中富氢物质的分解导致，而当温度上升到 600℃以上，氢气主要来源于芳香化合物、氢化芳香化合物的缩聚反映形成或者由于杂原子环化物质的分解[244, 245]。对于水的逸出特征，在温度低于 200℃，主要源自煤表面吸附的水分。当温度位于 300～650℃时，大量水分来自各种含氧化合物的分解，如苯酚中的—OH官能团[246]，当然也可能是以其他化学键存在的水。此外，温度升高到 650℃之后产生的少量水由稳定性更好的含氧官能团的裂解产生，如含杂原子的环状芳香化合物。在温度低于 400℃时产生的二氧化碳可能来源于脂肪族和芳香族羧基(carboxyl)官能团的分解。随着温度的升高,由于醚键和含氧官能团的大量分解,直至温度达 400～550℃,会导致大量的二氧化碳产生[245]。

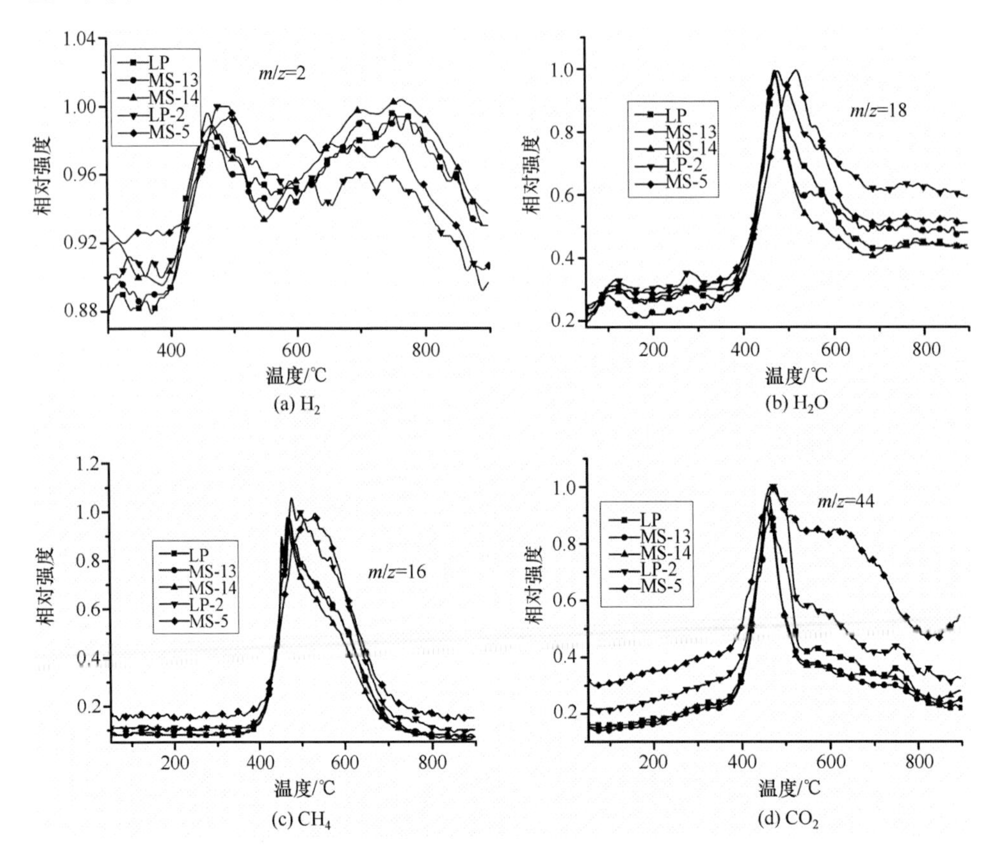

图 7-12 热解过程中 H_2、H_2O、CH_4 和 CO_2 演化曲线特征

Fig. 7-12 Evolution curves of H_2, H_2O, CH_4, and CO_2 during pyrolysis of coals used

从图 7-12 中还可以得出,对于所有样品,在温度升至 380℃左右,就产生了甲烷气体。但样品不同,其产生甲烷最大峰值对应的温度不同。LP、MS-13 和 MS-14 三个样品产生的甲烷最大峰值对应的温度均在 460℃左右,但低于 MS-5 样品,这与样品中的芳香族含量以及热稳定性有很大的关系。过去研究表明[244, 247],低温时甲烷的产生主要与芳香族中 C—C 键的裂开有关,而高温时甲烷的主要来源为强键的断裂,如乙基-甲基官能团或者乙基-乙基醚键等。

图 7-13 为一氧化碳的逸出特征,从图 7-13 可以看出,在加热过程中,一氧化碳逸出的情况比较复杂。在 450℃左右逸出的一氧化碳可能来自类似羰基化合物的分解,而高温时一氧化碳可能主要与苯酚化合物的分解有关[248]。

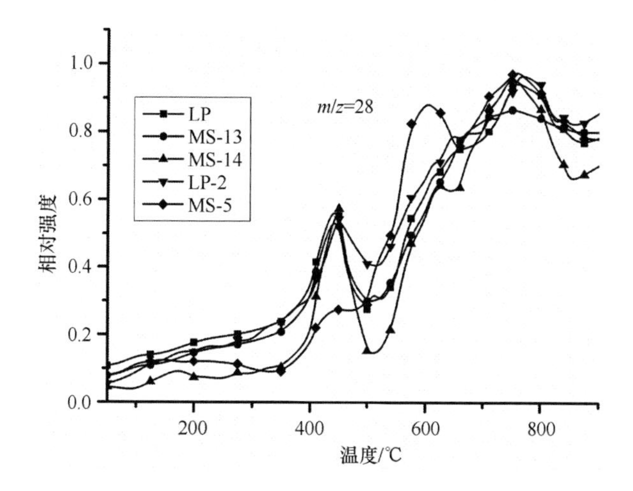

图 7-13　热解过程中 CO 演化曲线特征

Fig. 7-13　CO evolution curves during pyrolysis of coals used

第 8 章　树皮煤(体)的工艺与转化性能

8.1　煤的流动性

煤的流动性是指大多数烟煤在温度为 350～425℃区间内，依次开始软化、流动及其固化等现象。到目前为止，有两种理论解释煤的流动性：流动相理论（metaplast theory）[1, 249, 250]认为煤的流动性是低分子碎片形成的流动相起主要作用，是一种动态的行为；γ 化合物理论（γ-compound theory）认为煤的流动性是由煤本身化学结构中的低分子起了很大的作用[251]。Habermehl 等[252]综述了煤流动性，认为煤的流动性与煤本身的属性紧密相关。Lloyd 等[253]运用基氏流动仪研究了中煤级煤的流动属性，并得到了流动属性和煤的一些属性的关系。Marzec 等[254]研究了波兰二叠纪的 27 种煤的流动性和煤的化学属性的关系，认为软化温度与氢含量之间有很好的直线关系，最大流动度温度和固化温度都与煤的一些属性相关，如氧含量、稳定组含量和水含量。此外，煤的流动性性质和煤热解性质之间也存在关系[255, 256]。Barriocanal 等[256]研究得到，对于烟煤，由热重分析得到的热解速率最大时的温度与煤流动属性中的软化温度和最大流动度温度之间有很好的关系，热解速率最大时的温度位于最大流动度温度和固化温度之间[255]，或者低于最大流动度温度[256]。

煤的流动性属性可以从分子结构角度进行讨论[257～260]。Nomura 等[258]运用漫反射红外傅里叶变换技术研究了煤流动性过程中的化学变化，随着温度升高，芳香 C—H 伸缩与脂肪 C—H 伸缩的相对强度在增加，而亚甲基的相对强度在减少。Kidena 等[259]研究了两种煤中不同显微组分（镜质组和惰质组）的流动性和化学结构之间的关系，富含镜质组的煤有很高的流动性，而富含惰质组的煤几乎没有流动性，化学结构表明富镜质组的煤含有长的脂肪链或者很多的脂肪族侧链，而富含惰质组的煤含有相对高的芳香族化学物。

煤的流动性受很多因素的影响，如煤级、显微组分、加热速率以及氧化程度等[261]。

(1) 煤级。煤级对煤的流动性有很重要的影响。当煤的挥发分为 13%～15%时，流动性才变得明显些[262]。随着煤级增大，流动性的各个指标都会升高，最佳的流动性应该位于碳含量为 88%～89%和挥发分集中于 25%～30%范围[262]，当挥发分的产率在 35%～40%范围内时，煤的流动性降低直至消失。

(2) 显微组分。Maroto-Valer 等[263]研究了显微组分在流动过程中的变化，不同的显微组分对煤的流动性的影响不同。稳定组有非常高的流动性，惰质组没有流动性，而镜质组的流动性介于二者之间[264]。而且在同一煤级，稳定组的软化温度低于镜质组的软化温度[264]，这可能与稳定组比镜质组含有高的氢含量和挥发分有关。

(3) 加热速率。一般而言，随着加热速率的提高，煤的流动性会增强，相应的固化温度、最大流动度温度和流动性区间等参数随着加热速率的提高都会向高值移动。

(4) 氧化程度。氧化对煤流动性的影响也较大，当长时间把煤样暴露在空气中时，煤的软化温度会上升，最大流动性温度也会稍微增加[265]。

煤流动性的机制与液化性能机制很相似，二者都涉及煤大分子结构中化学键在受热条件下分解、断裂形成自由基，自由基都会被可利用的氢稳定。只是氢的来源不同，煤流动性需要的氢来自煤本身，而液化需要的氢来源很多，除来自煤本身外，还可能来自供氢溶剂、氢分子等。因此，二者之间存有联系，液化转化率与基氏流动度参数之间有很明显的关系[265]。Stansberry 等[266]讨论了从亚烟煤到低挥发分烟煤的五种煤的催化加氢对流动性的影响，与未处理的煤比较，经过加氢处理的煤(除了低挥发分烟煤)的流动特性都提高，这可能与相对小分子碎片的产生有关。Senftle 等[66]运用傅里叶红外光谱技术研究了 Lower Kittaning seam 富含镜质组煤的液化性能和流动性，结果表明，流动性和液化性能的反应机制基本相同，不同之处在于基氏流动度与煤中的全部脂肪 C—H 含量有关，而液化只与煤中的亚甲基含量有关，而不是全部的脂肪 C—H 含量。

8.2 树皮煤的流动性

8.2.1 树皮煤的流动性分析

在宾夕法尼亚州立大学的能源研究所，运用基氏流动仪测试了煤样的流动性。在这项分析中，涉及以下参数：①软化温度 T_s，也就是煤样开始流动的温度；②最大流动度温度 M_{FT}；③固化温度 T_r，也就是流动体开始固化的温度；④流动性区间，T_r-T_s，即固化温度和软化温度之差；⑤最大流动度 M_F。表 8-1 列出了这些煤样的流动性结果。一般而言，这些煤样(除了 LP-2)都在约 400℃时开始软化，而在 470℃以上开始固化。其中，对于 LP-4 煤样，流动性结果表明只有软化温度和最大流动度能够正常出现，而没有得到固化温度，从实验后的坩埚中也没有看到有残渣出现，这表明所有的物质都被挥发掉，因此没有得到固化温度，根据 LP-4 的工业分析和元素分析结果，LP-4 煤含有高的氢含量和挥发分。除了个别煤样的最大流动度还在 30000ddpm① 以下或者等于 30000ddpm，大部分煤的最大流动度都大于 30000ddpm，而本次实验所用仪器的最大流动上限为 30000ddpm，所以，对于高于 30000ddpm 的煤样，单从本次实验得不到最大流动度。为了弄清树皮煤的最大流动度，委托 Pearson Coal Petrography 公司对 LP-4、CG-3 和 DHB-3 三个煤样进行了流动性分析，其结果也列于表 8-1 中。从表 8-1 中可以看到，DHB-3 煤样的最大流动度已经超过了 180000ddpm。尽管此表中也列出的 LP 和 CG 煤的最大流动度也均超过了 180000ddpm，但这仍然不是这两个煤样的最大流动度真实值，因为这两个煤样的最大流动度已经超过了所用仪器的范围。但是这并不影响对煤样流动性的分析，测试煤之所以有很高的流动度，可能与煤样含有的高氢含量有关，因为富氢煤常表现出非常规的性质[68]，而且 Sakurovs 等[267]研究澳大利亚烟煤时也发现，煤中的氢含量对热解过程中产生的流动物质有很大的影响，因此这些煤具有的高或者不正常的流动性与煤的高氢含量有关。

表 8-1　煤样的流动性分析结果(330～500℃)

Table 8-1　Characteristic parameters of Gieseler fluidity of coal used from 330℃ to 500℃

煤样	T_s/℃	M_{FT}/℃	T_r/℃	T_r-T_s	M_F/ddpm	M_F/ddpm[a]
LP	407	441	481	74	30000*	—
LP-2	390	443	484	94	30000*	—
LP-4	412	436	—		30000*	>180052[b]
CG	404	441	499	95	30000*	—
CG-3	416	457	505	89	30000*	>180091[b]
CG-5	403	451	496	93	30000*	—
DHB	401	444	479	78	28089.5	—
DHB-3	402	447	489	87	30000*	180067
DHB-6	414	443	479	65	29892.5	—

* 在固定力矩条件下的最大转速。a 实验在 Pearson Coal Petrography 公司做的。b 推测值。—没有数据。

8.2.2　流动性与煤属性的关系

煤在流动性阶段会发生复杂的物理变化和化学变化，煤的基氏流动性质与煤的属性有直接的关系，如化学特征或者显微组分特征。表 8-2 列出了煤的流动性和煤属性参数之间的相关关系，所用煤样为 9 个，这些煤的属性来自工业分析、元素分析和显微组分分析。所用的参数有氢含量、有机硫含量、挥发分含量、水分含

① ddpm 表示固定力矩条件下的最大转速，代表每分钟转动的角度。

量、稳定组含量以及树皮体含量。由于没有发现 LP-4 煤样的固化温度，所以在考虑固化温度、流动性区间与煤属性的关系时没有考虑 LP-4。虽然已经报道有机硫对于高挥发分烟煤的流动性发展起着很重要的作用[268,269]，但是，在本次实验中，没有发现煤样的软化温度和有机硫含量之间的关系(r=0.27)。固化温度与煤样中的水分含量在显著性水平为 0.02 时呈一定的负相关性(r=−0.75)，而与树皮体含量呈一定的正相关性(r=0.77)。煤样中的水分含量越高，其固化温度越低，这个结果与 Marzec 等[254]研究的结果一致。结焦区间(T_r-M_{FT})也与煤样中的水分含量在显著性水平为 0.02 时呈负相关性(r=−0.77)。同时，固化温度和结焦区间在显著性水平为 0.01 时都与氢含量有明显的正相关关系。由于 LP 和 LP-4 煤样与其他煤样的性质有很大的不同，所以，在这里又做了当不考虑 LP 和 LP-4 煤样时，煤样的流动性与煤属性的关系，其结果也列在表 8-2 中，结果发现，固化温度与树皮体含量(r=0.97)及稳定组含量(r=0.96)显著正相关，而与水分含量在显著性水平为 0.02 时，有一定的负相关性(r=−0.81)。此外，固化温度与氢含量在显著性水平为 0.01 时有明显的正相关性(r=0.88)。流动性区间与挥发分在显著性水平为 0.01 时有明显的正相关(r=0.91)，与 H/C 原子比在显著性水平为 0.01 时有一定的相关性，而与树皮体含量(r=0.57)以及稳定组含量(r=0.62)没有相关性。结焦区间与氢含量在显著性水平为 0.01 时有明显的正相关性(r=0.91)，与水分含量在显著性水平为 0.02 时呈一定的负相关(r=−0.80)，在此显著性水平下，与树皮体(r=0.80)有一定的正相关。通过对比 LP 和 LP-4 煤样与其他煤样，可以发现它们的不同主要集中在挥发分和元素组成含量不同，因此可以推测这些煤样的流动性与煤属性之间有很密切的关系。

表 8-2　煤样属性与流动性相关分析

Table 8-2　Correlation coefficient between thermoplastic properties and analysis data of samples

属性	挥发分	水分	元素组成		H/C$	树皮体	稳定组
			H	So#			
T_s	—	—	—	0.31	—	—	—
T_r	—	−0.75	0.82	—	—	0.77	0.74
T_r-M_{FT}	—	−0.77	0.88		—	0.69	0.67
T_r^*	—	−0.81	0.88	—	—	0.97	0.96
$T_r-T_s^*$	0.91	—	0.76	—	0.84	0.57	0.62
$T_r-M_{FT}^*$	0.60	−0.80	0.91	—	0.76	0.80	0.80

#有机硫。$原子比。*不包括 LP 和 LP-4 的煤样。—没有数据。

8.2.3 流动性与固态^{13}C核磁共振分析

为了更好地理解煤样的流动性，分析了LP、CG和DHB三个煤样固态^{13}C核磁共振结构特征与流动性之间的关系。如第6章所分析，LP和CG煤样相比于DHB煤样含有高的亚甲基碳和甲基碳的含量，这表明相比于DHB煤样，LP和CG煤样含有更多的脂肪族碳，三个煤样中，DHB煤样的芳碳率最高。LP煤样含有最高的亚甲基含量，其次是CG，而DHB的亚甲基含量最低，再根据LP和CG煤样的流动性高于DHB(表8-1)，可以推断样品的流动性的高低与煤样中的脂肪链，尤其是亚甲基含量有直接的关系。事实上，Nomura等[258]通过运用漫反射傅里叶转换红外线光谱技术已经指出随着在流动性阶段温度的升高，其煤样的亚甲基相对强度在减少。

8.2.4 流动性和热重的关系分析

具有受热而流动的原料物质的属性与最大流动度温度、释放的挥发分组成以及挥发分释放的区间等因素有直接的关系，这也就意味着从基氏流动度得到的特征温度与热解速率最大时的温度有很紧密的关系。表8-3列出了所用煤样的热解速率最大时的温度(T_{max})与流动性之间的关系。从表8-3中可以得到，煤样的软化温度与热解速率最大时的温度之间几乎没有关系，当加热速率为25℃/min时，热解速率最大时的温度与最大流动度的温度之间有比较好的回归系数($r=0.84$)，说明在显著性水平在0.01时，二者有明显的正相关性。Barriocanal等[256]在研究焦化和炼钢制造厂所用的烟煤时，也发现了热解速率最大时的温度与最大流动度温度之间有很明显的关系，也就是说热解速率最大时的温度越高，达到最大流动度所需的温度也就越高。虽然煤样的热解速率最大时的温度与固化温度之间有好的正相关性，但是相关系数不同，最高的可达0.88。当煤样的树皮体含量高于40%时，在显著性水平为0.01时，热解速率最大时的温度与固化温度在加热速率为10℃/min($r=0.99$)和25℃/min($r=0.90$)有明显的正相关关系，同时，在加热速率为25℃/min时，热解速率最大时的温度也与最大流动度的温度的正相关关系性明显($r=0.92$)。而当煤样的树皮体含量低于40%时，即使改变加热速率，热解速率最大时的温度与最大流动度的温度之间的相关系数也几乎不变。但是热解速率最大时的温度与固化温度在加热速率为25℃/min时的正相关关系很明显($r=0.97$)，因此热解速率最大时的温度与煤样的流动性参数之间的关系与煤样的显微组分含量以及加热速率有直接的关系。

分别从表8-3和表7-1中可以看到表征煤样流动性和热重的几个参数值。通过对比可以发现，煤样的热解速率最大时的温度总是低于最大流动度的温度，这也就是说煤样去挥发分的最大速率总是发生在达到最大流动度之前，Barriocanal

等[256]也发现了类似的结果。

表 8-3　煤样的流动性与 T_{max} 相关分析

Table 8-3　Correlation coefficients between thermoplastic properties and T_{max}

参数	10℃/min			15℃/min			25℃/min		
	T_{max}/℃	T_{max}/℃	T_{max}/℃	T_{max}/℃	T_{max}/℃	T_{max}/℃	T_{max}/℃	T_{max}/℃	T_{max}/℃
T_s/℃	—	—	—	—	—	—	—	—	—
M_{FT}/℃	0.64	0.79[a]	0.80[b]	—	—	0.82[b]	0.84	0.92[a]	0.88[b]
T_r/℃	0.71	0.99[a]	—	0.66	0.82[a]	—	0.88	0.90[a]	0.97[b]

—没有数据。a 树皮体含量超过 40%的煤样。b 树皮体含量低于 40%的煤样。

8.3　树皮煤受热变化特征

8.3.1　不同粒度煤显微组分受热特征研究现状

煤显微组分受热物理变化特性的研究对煤化学加工现代方法的理论基础的建立以及煤炭的合理有效利用至关重要。庞博等通过直接观察法观察了山东兖州煤样不同显微组分受热物理变化形态。镜质组在程序控温加热的条件下,400℃之前镜质组没有明显的变化,包括大小、形态以及光学性质等特征。温度升高到 415～420℃时,镜质组边缘钝化、盖片上有焦油滴发生冷凝。加热到约 500℃时,镜质组抛光表面开始发生变化。形态上出现小褶皱,可能是由于物质的成分发生了变化。随着温度的升高,小褶皱继续变大。加热到 550℃时,有反射率较高的瘤状物。继续升温至 650℃左右,除了反射率逐渐升高,其他特征没有明显变化。有的学者通过对安徽临涣肥煤镜质组通过显微热台下程序控温加热,观察表明,镜质组在 420℃左右时产生裂隙,随着温度的升高裂隙逐渐裂开,当加热到 550℃左右时,镜质组绝大部分都变为流动状态的液相,流动比较剧烈,加热到 700℃时,可以看到流动剧烈之后的纤维状结构。在加热状态下,通过显微热台观察稳定组状态变化表明,山东兖州煤样中孢子体、角质体与树脂体的变化规律不同。树脂体在开始形变之前,随温度逐渐升高,突起增大。在 360℃时,边缘透明物质变黑,认为该温度是树脂体反应的开始温度。之后,随着温度逐渐升高,黑色边缘继续增宽,直到最后树脂体完全变黑,并比周围的镜质组软化温度也有小幅提前。小孢子体和角质体开始反应温度在约 375℃,但没有发现稳定组对镜质组软化起到催化作用。

8.3.2　树皮煤受热变化特征

1. 树皮煤中镜质组受热变化描述

观察了 100 目和 160 目镜质组的热变化情况，结果分别见图 8-1 和图 8-2。其结果观察描述如下：100 目粒度的镜质组样品在 33～230℃，样品无明显变化，样品周边略微模糊；在 230～250℃，样品周边有不明显白色透明物质；在 250～270℃，边缘白色透明物质逐渐增多；在 270～300℃，透明物质继续增加；在 300～330℃，样品边缘略微钝化，出现白色物质，可能为胶质体；在 330～370℃，样品逐渐变小，反应继续增大，边缘钝化加剧；在 370～430℃，钝化继续加剧；在 430～450℃，开始出现裂纹，边缘白色物质增加；在 450～470℃，裂口增大，出现流动状态，证明有液体生成；在 485～500℃，流动状态更加剧烈。

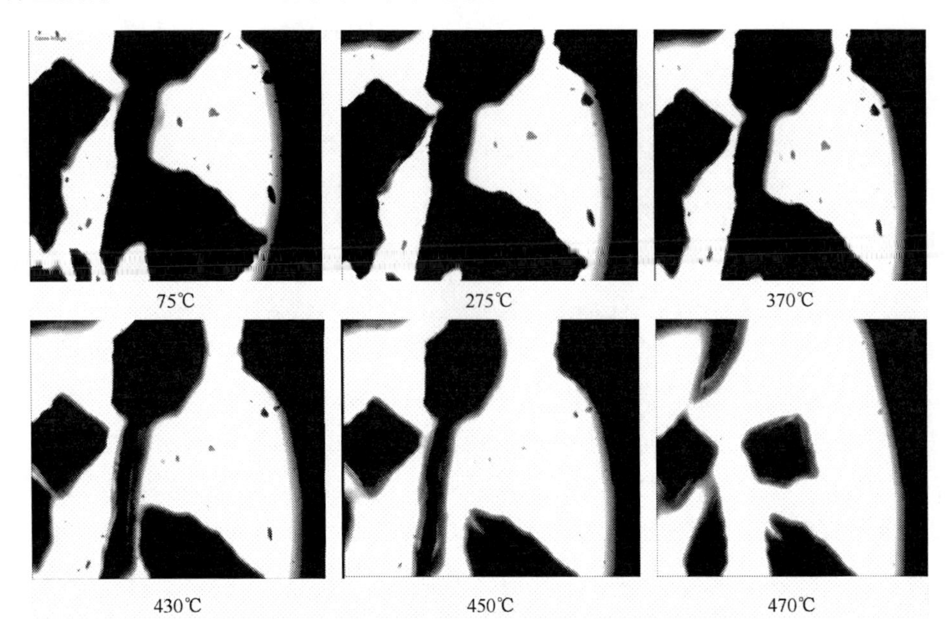

图 8-1　100 目镜质组受热物理变化特征(20×10)

Fig. 8-1　The physical change characteristics of 100 mesh Vitrinite

160 目粒度的镜质组样品在 33～200℃，无明显变化；在 200～330℃，样品周围略微钝化；在 330～350℃，样品周边有不明显白色透明物质生成，样品形状开始减小；在 350～370℃，边缘钝化明显；在 370～400℃，样品边缘白色物质逐渐明显，样品发生断裂成两块，变小加剧；在 400～450℃，边缘透明物质增多；在 450～500℃，样品已完全变形，变小明显，反应剧烈，出现流动状态。

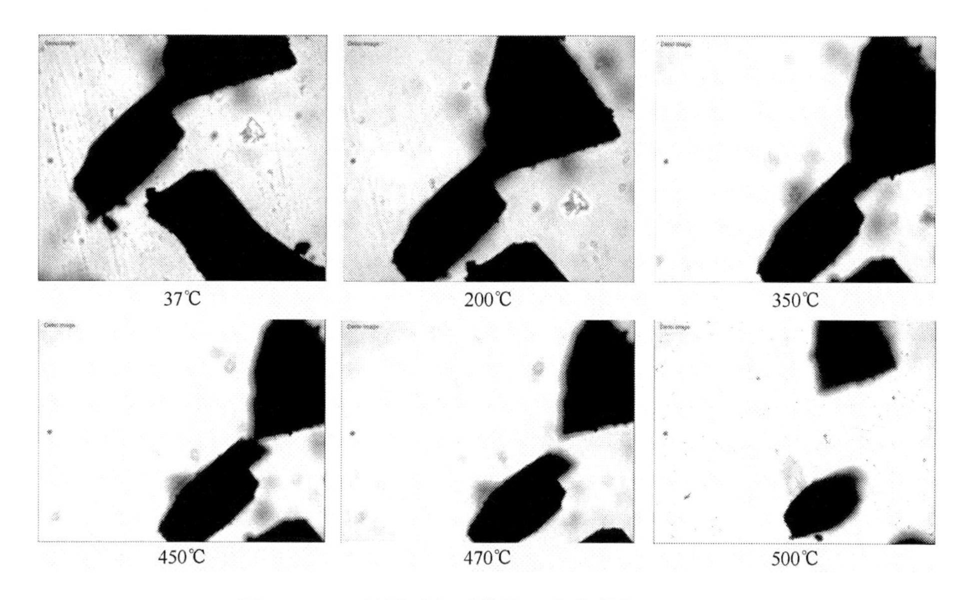

图 8-2　160 目镜质组受热物理变化特征(40×10)

Fig. 8-2　The physical change characteristics of 160 mesh Vitrinite

实验表明,树皮煤中镜质组初变温度在 250～300℃,其中以边缘钝化为主要现象。持续加温后会出现样品变小、裂隙、流动状态等特征。当 470℃以后反应剧烈,流动状态不易被摄像机记录,样品变小的速度很快。

2. 树皮煤中树皮体受热变化描述

观察了 80 目和 100 目树皮体的热变化情况,结果分别见图 8-3 和图 8-4。其结果观察描述如下:80 目粒度的树皮体在 33～200℃,无明显变化特征;在 200℃时,边缘开始模糊,出现黄色边缘,略显透明;在 250℃,树皮体边缘开始钝化;在 290℃,透明边缘已经全部变黑;在 390℃,样品周围出现黄色镶边,范围不断扩大;在 435℃,边缘完全钝化,可能是由液体流动导致;在 463℃,边缘散发金边,发生流动状态,气孔较多,油从气孔中溢出,呈喷出状;在 491℃,反应剧烈,形状变小。

100 目粒度的树皮体在 50～220℃,无明显变化特征;在 220℃,边缘开始模糊,边出现黄色边缘;在 270℃,树皮体边缘开始钝化,形状稍微变化;在 390℃,样品周围出现黄色镶边,范围不断扩大;在 450℃,边缘完全钝化,可能是由液体流动导致;在 460℃,出现流动状态;在 500℃,样品出现较多气孔,内部含油;在 500℃之后的降温过程,油状物周边气泡破裂,油状物喷出。

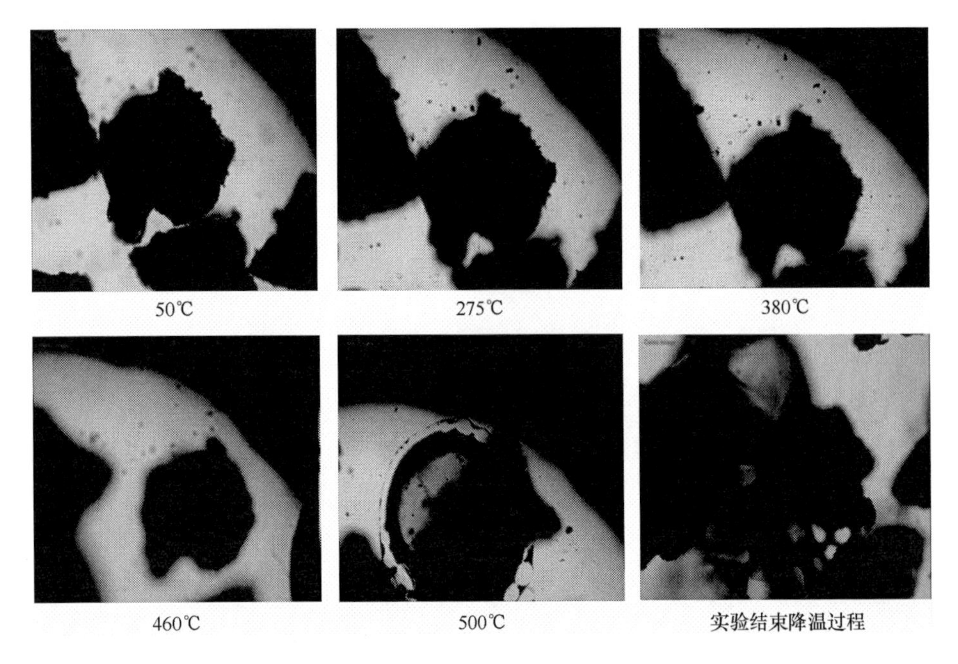

图 8-3　80 目树皮体受热物理变化特征(20×10)

Fig. 8-3　The physical change characteristics of 80 mesh Barkinite

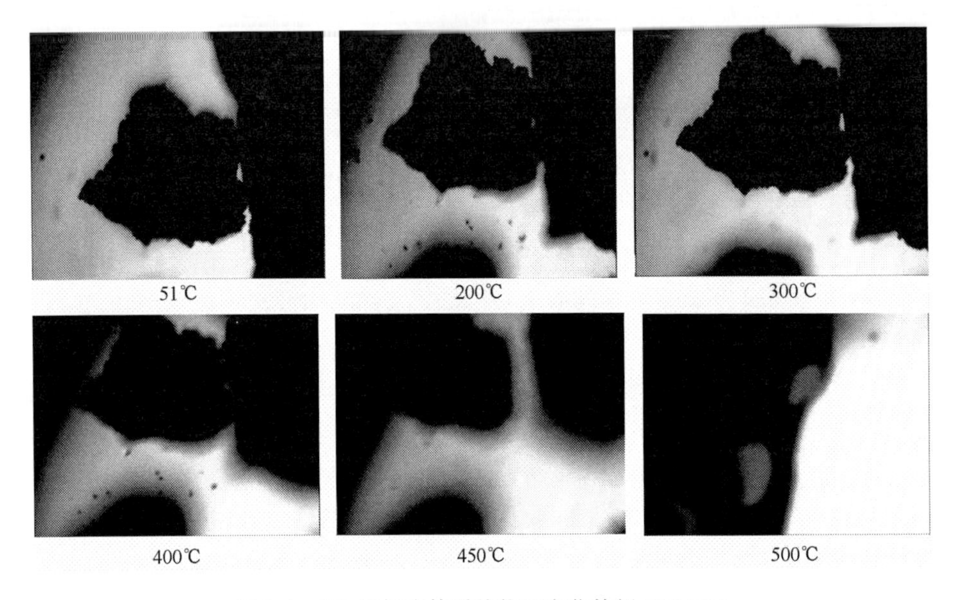

图 8-4　100 目树皮体受热物理变化特征(20×10)

Fig. 8-4　The physical change characteristics of 100 mesh Barkinite

通过实验观察可以看出，树皮体初变温度为180～250℃，持续加温后会出现样品变小，边缘钝化、变形、出现流动状态以及气泡等特征。温度升至440℃以后，反应剧烈，气泡中含油，随之气泡边缘消失，油状物从气泡中喷出，流动状态明显，样品完全变形。

3. 树皮体与镜质组的受热物理变化特征比较

在显微热台加热实验中，显微组分物理变化经历以下三个阶段：①初变阶段，即当温度升至180～250℃时，开始发生细微膨胀，边缘钝化逐渐开始，树皮体随温度继续升高，变形加剧；②渐变阶段，即样品边缘钝化加强，样品逐渐变小、变形，镜质组周边出现白色透明状物质，树皮体出现黄色金边，显微组分表面出现裂隙；③剧变阶段，即温度升至400℃以后时，伴随着显微组分的强烈变形，开始出现软化、流动现象，裂隙完全裂开(图8-5)，液态相形成，流动状态剧烈。观察到气泡产生，树皮体产生大量油，并冲破气泡而喷出。需要指出的是，由于显微组分开始变形时不容易被观察到，所以记录的初始变形温度精确性只是一个范围。从初变状态到渐变再到剧变是一个逐渐演变的连续过程，由于样品较少且形状、大小、厚度不均一，可能造成观察时样品略微移动，造成不必要的误差。

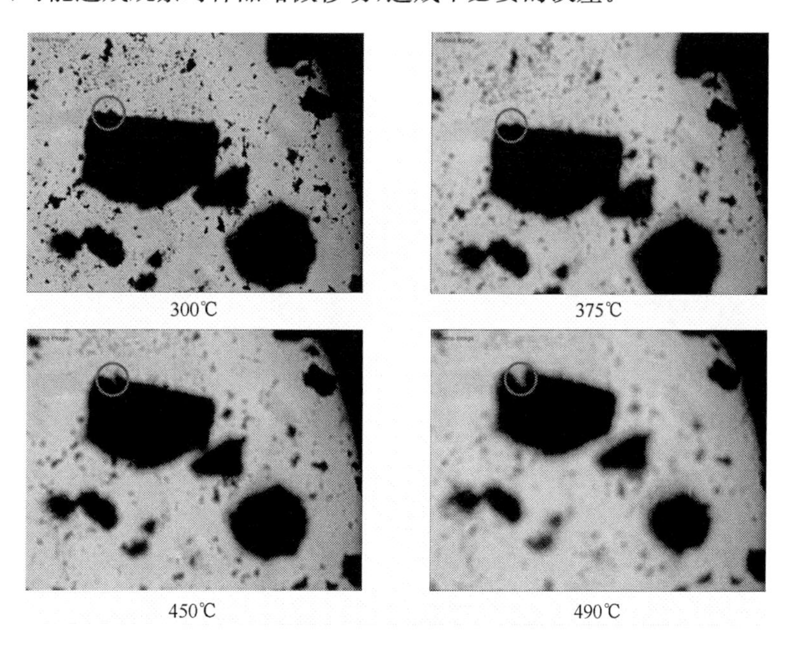

图8-5 裂隙变化示意图

Fig. 8-5 Schematic diagram of crack change

4. 不同粒度的镜质组受热物理变化特征

选择 80 目、100 目、120 目及 160 目四个粒度的样品进行直接观察，其主要温度点与变化特征统计在表 8-4 中，其结果主要特征如下。

表 8-4 不同粒度下镜质组受热物理变化温度点

Table 8-4 The physical change temperatures of different granular of Vitrinite

组分	粒度/目	初变温度/℃	边缘钝化开始温度/℃	开始变化温度/℃	裂隙出现温度/℃	白色边缘出现温度/℃	流动状态温度/℃	气孔温度/℃
镜质组	80	250	270	—	无	450	470	470
	100	230～250	260	350～370	430～450	430～450	450～470	无
	120	240	260	380～400	430～450	—	470	490
	160	230	270	350～370	—	400～420	450	—
	200	200	240	—	—	—	—	—

—没有观察到明显变化特征。

通过图 8-6 观察，在温度位于 430℃之前，镜质组物理特征的变化受粒度的影响并不明显。温度在 300℃之前，出现边缘微弱钝化及白色边缘等特征。温度在 300～400℃，随着粒度的减小，样品边缘的白色物质增加。温度在 400～430℃，样品颗粒之间发生微弱的移动，逐渐开始分离。

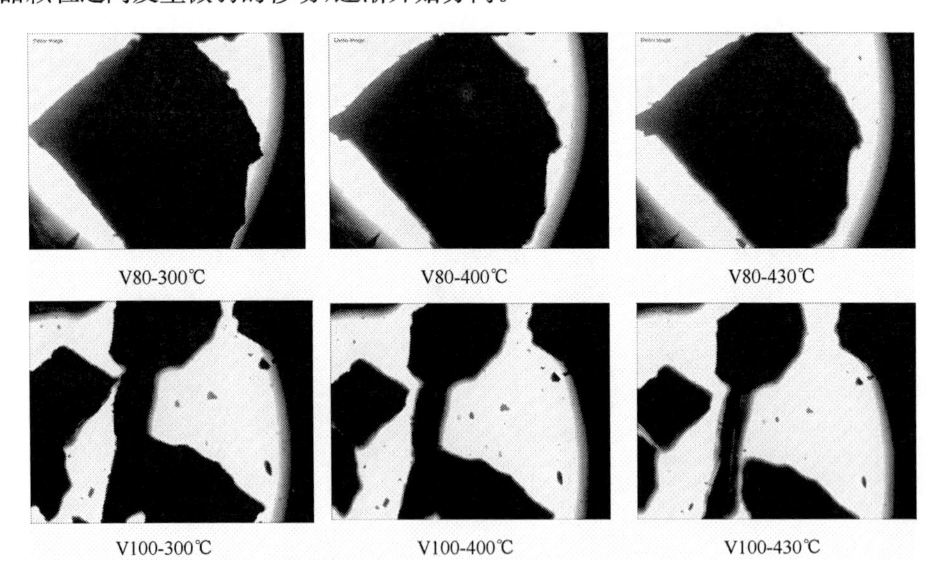

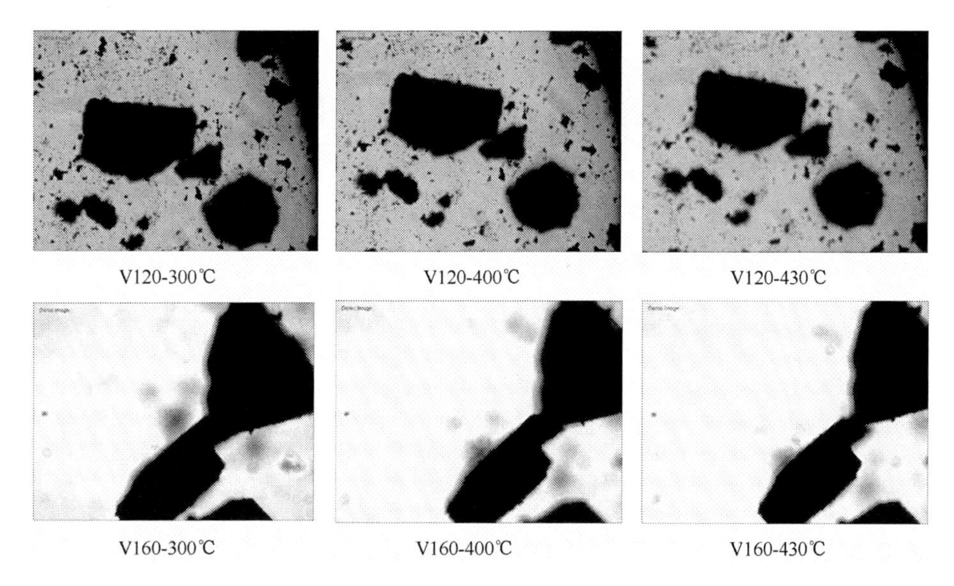

图 8-6　不同粒度的镜质组受热物理变化(300～430℃)

Fig. 8-6　The physical characteristics changes of Vitrinite with different sizes(300～430℃)

当温度到 450℃以后,镜质组样品出现了剧烈反应。从图 8-7 中可以看出,80 目的样品裂隙已经脱落,并且形态、大小均有很大的变化,流动状态更为剧烈;100 目粒度的样品多个颗粒已完全脱离,同样产生裂隙,但未完全脱落;120 目粒度的样品与 100 目的相似,只是流动状态稍晚,而裂隙程度比较微弱;相较于其他三个大粒度样品,160 目粒度样品,没有裂隙出现,只出现了流动状态,反应比较缓慢。因此,当温度升至 430℃以后,粒度对镜质组样品存在一定的影响。

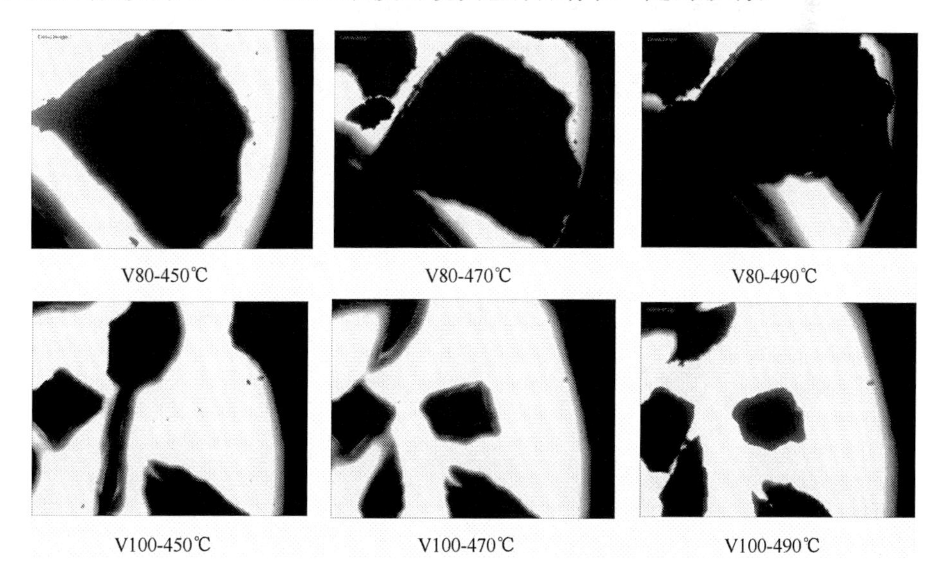

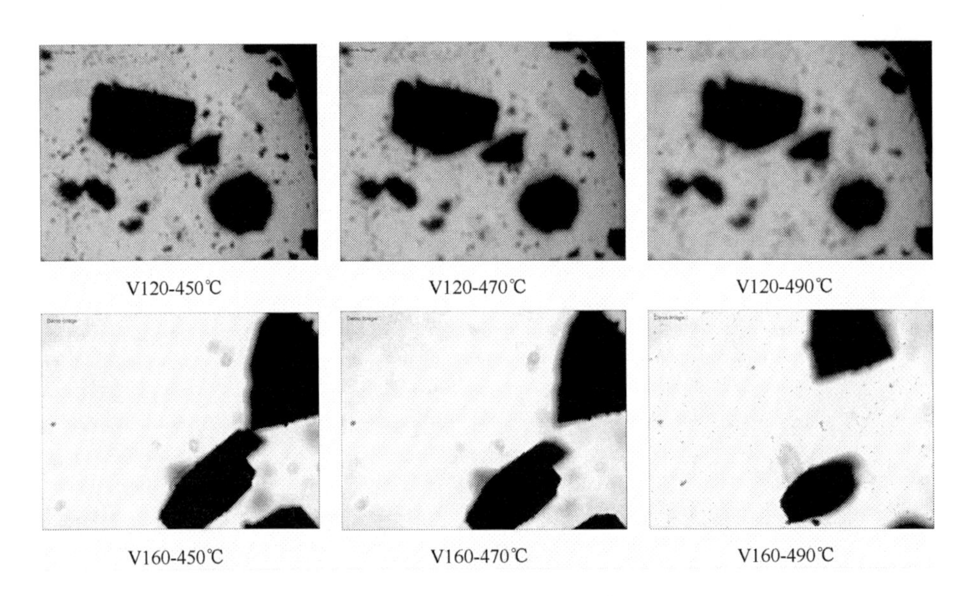

图 8-7 不同粒度的镜质组受热物理变化(450～490℃)

Fig. 8-7 The physical characteristics changes of Vitrinite with different sizes(450～490℃)

5. 不同粒度的树皮体受热物理变化对比

选择 80 目、100 目、120 目及 160 目四个粒度的样品进行直接观察,其主要温度点与变化特征统计在表 8-5 中,其结果主要特征如下。

表 8-5 不同粒度下树皮体受热物理变化温度点

Table 8-5 The physical change temperatures of different granular of Barkinite

组分	粒度/目	初变温度/℃	边缘红色透明物质消失/℃	开始变形温度/℃	流动状态温度/℃	出现气孔温度/℃	生油温度/℃
树皮体	80	200	310	350	470～480	490	490
	100	200	315	350～370	480	500	500
	120	195	310	360～380	490～500	—	—
	160	185	310	350～370	500	—	—
	200	180	300	350～370	500	—	—

—没有观察到明显变化特征。

通过图 8-8 观察,在 250～450℃,样品经过了从初变阶段到剧变阶段。在此阶段,粒度对树皮体受热物理特征变化存在一定的影响。虽然反应不剧烈,但是随着粒度的减小,样品边缘钝化的程度减小,同时粒度变形、变小的程度也减慢。

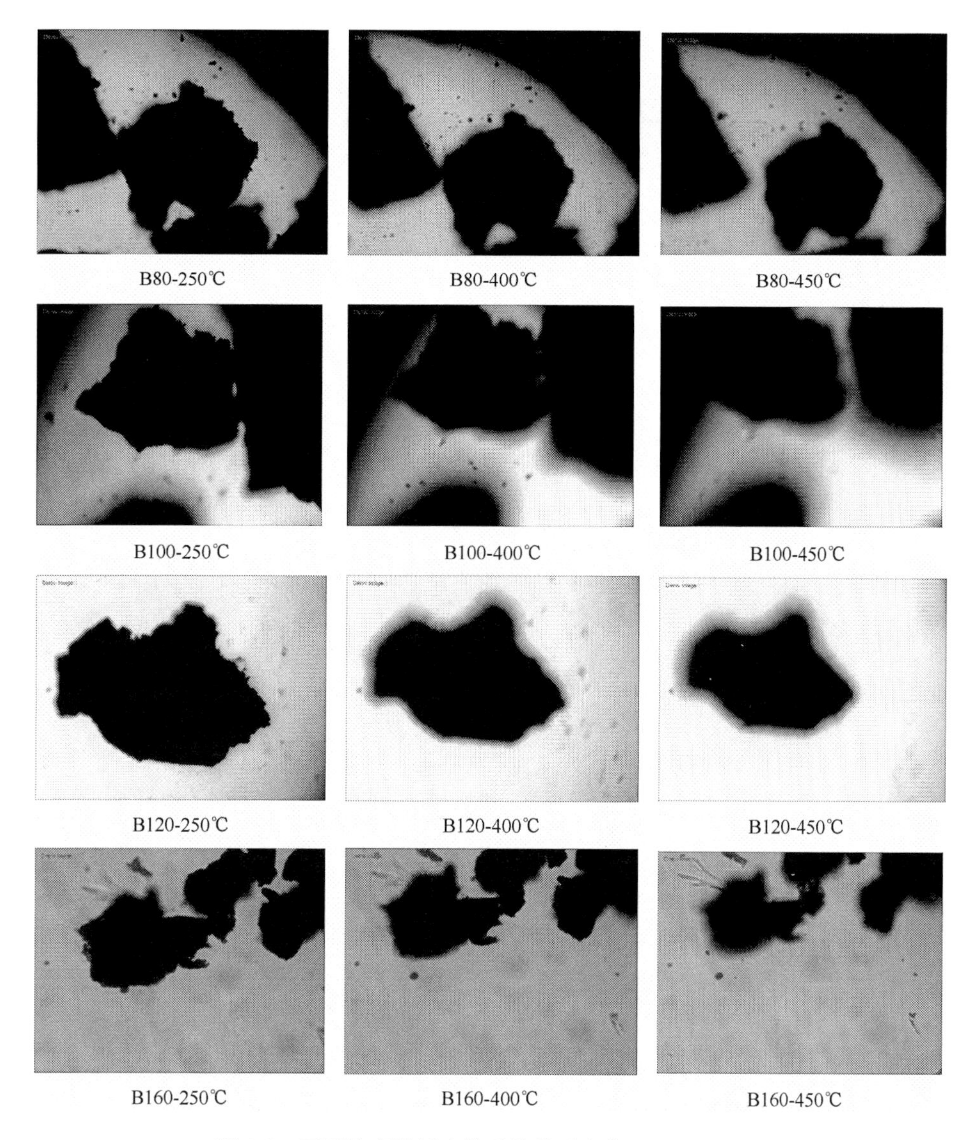

图 8-8　不同粒度的树皮体受热物理变化(250～450℃)

Fig. 8-8　The physical characteristics changes of Barkinite with different sizes(250～450℃)

当温度加热到 450～500℃时，树皮体化学结构被破坏，无论从形态、大小、边缘及状态均发生较大变化，如图 8-9 所示。由图很明显可以看出，粒度越大的树皮体，反应越剧烈，越先进入流动状态，80 目及 100 目粒度的树皮体都出现的了气泡并且有油生成，说明树皮体反应完全，而 120 目及 160 目粒度下树皮体出现了流动状态。200 目粒度下树皮体样品无明显的变化。

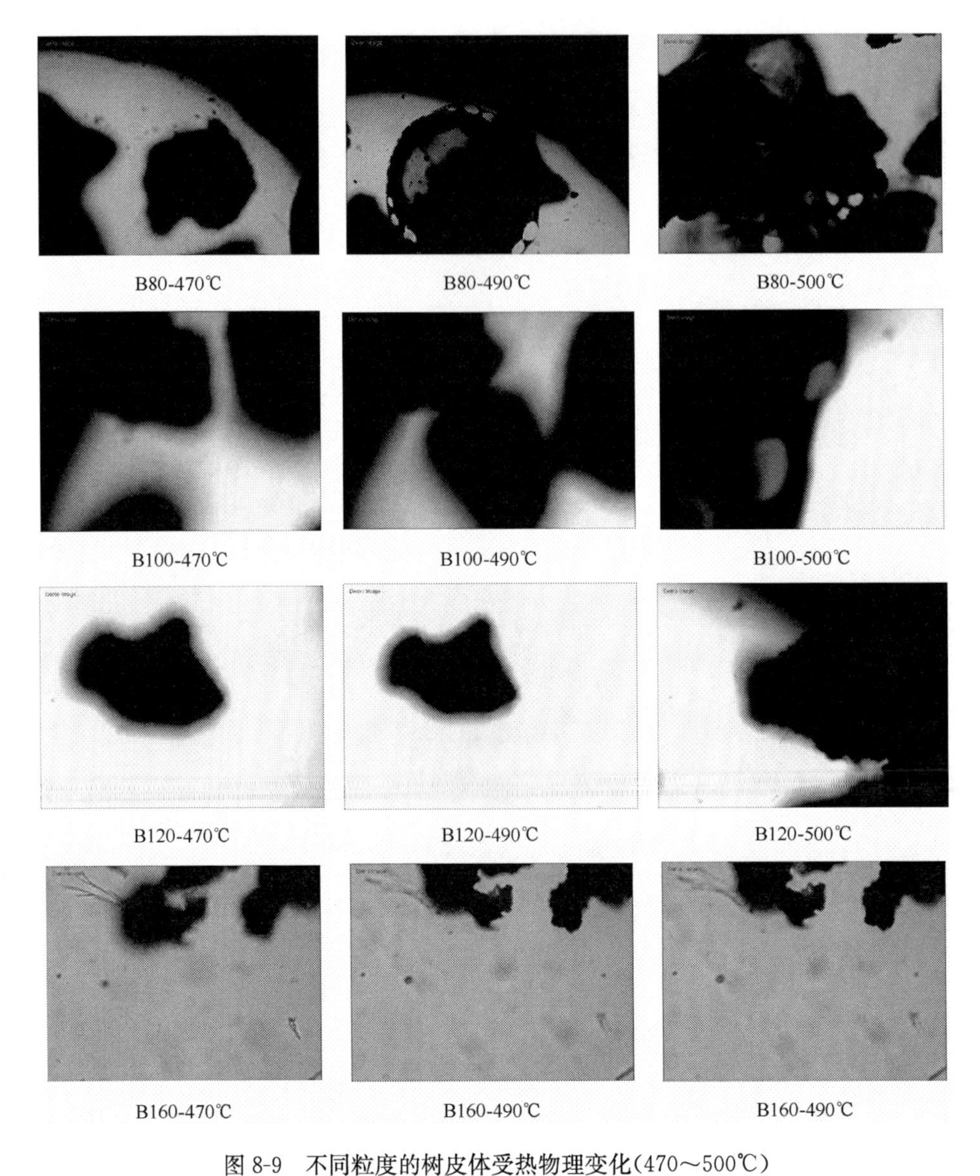

图 8-9　不同粒度的树皮体受热物理变化(470～500℃)

Fig. 8-9　The physical characteristics changes of Barkinite with different sizes(470～500℃)

8.4　树皮煤的液化反应

8.4.1　煤的液化

大量研究表明,煤能够产出液体燃料产品。目前,有四种方法可以把固体煤转化成液体燃料:溶剂抽提、直接催化加氢或者加氢液化、间接液化(Fischer-Tropsch 合成)以及热解。图 8-10 简要描述了这四种工艺流程,图 8-11 表示出煤液化的基本途径。由于本书应用的是煤的直接加氢液化技术,所以在这里主要讨论该技术。

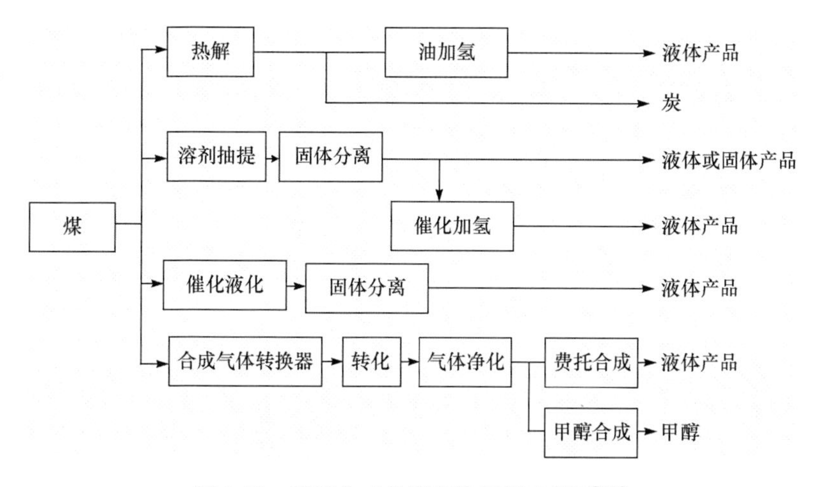

图 8-10 煤液化工艺类型的简单示意图[270]

Fig. 8-10 Simplified representation of coal liquefaction process types

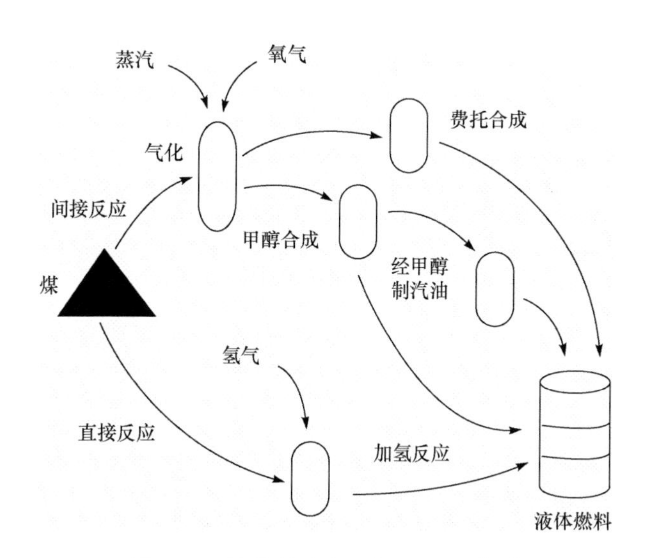

图 8-11 从煤制油成品的基本途径[270]

Fig. 8-11 General paths for the production of liquids from coal

Berthelot[271]可能是第一个尝试通过加氢方式把固体煤变成液体的学者,所使用的工艺条件如下:溶剂为碘化氢(hydriodic acid),温度为 270℃。但是,Bergius 是第一个通过煤加氢技术得到商业应用所需液体产品的学者[272]，所以典型的 Bergius 加氢技术成为现代研究煤直接加氢液化技术的模型。Bergius 等[272]加氢技术的主要工艺条件有：温度为 470～490℃；压力为褐煤 25～30MPa、烟煤35～70MPa；气体为氢气。煤、氢气和催化剂都被放到高压容器中反应。

一般地，煤直接液化，也就是催化加氢反应，是在温度为 370～ 480℃、压力为 1500～ 4000psig（10～27MPa）范围内，使煤在溶剂中发生加氢反应[273]，煤的催化加氢是在氢条件下，使煤与催化剂充分接触[274]。通常认为煤加氢液化是煤被分解形成自由基，形成的自由基在高压下被煤中内在氢或者来自于溶剂中的氢所稳定[275]。通常，煤液化要分两个阶段完成：第一阶段为形成煤碎片。煤的碎片是由煤的弱键受热断裂而形成的，其主要的特征是形成了自由基，这些自由基被氢稳定或者重新聚合成大分子结构。第二阶段为随着温度升高，煤的大分子结构裂解形成小分子结构物质，这些小分子物质的去向（稳定还是重新聚合）取决于很多因素，如自由基的数量、捕捉氢的能力等。

从历史的角度来看，煤加氢液化的发展与人民的需求和石油的供给等因素紧密相连。从 20 世纪 20 年代末到第二次世界大战结束，煤液化的商业应用主要集中在德国，在 1943 年，共建煤和焦油的加氢设备 12 套。美国虽然在 1946～1953 年也大力发展煤加氢液化技术，但是由于中东石油的发现，美国政府于 1953 年取消了煤液化的商业应用。然而，20 世纪 60 年代末，受石油危机的影响，许多国家（德国、美国、日本和英国等）又重新研究煤液化技术，研究焦点主要集中在液化条件的温和化，期间，许多工艺得到发展，如 H-Coal、IGOR、SRC-Ⅰ、SRC-Ⅱ、EDS 和 NEDOL。中国自从 20 世纪 80 年代开始开展煤液化技术的研究，煤炭科学研究总院北京煤化学研究所主要研究直接液化技术，主要就液化用煤的筛选和评价、催化剂以及液化工艺技术展开研究。从 1997 年，北京煤化学研究所先后和德国、美国和日本合作，探讨了我国先锋、依兰和神府-东胜煤的液化可行性，并编写了液化可行性的报告，从技术和经济角度对建设大规模液化工厂进行了论证和评价，为进一步建设工业化生产打下了基础。1998 年，神华集团与美国就神华煤的液化性能展开进一步合作，2000 年，完成了可行性研究，到目前为止，神华集团的煤液化项目已经进行了商业生产。

8.4.2　液化基础

表 8-6 列出了煤、甲苯、石油原油、汽油和甲烷的元素组成。从表 8-6 中可以看到，相比于其他燃料，煤的最主要元素特征是低氢、低 H/C 原子比以及高硫含量，因此为了提高 H/C 原子比，加氢或者减少碳是两种可行途径。

表 8-6　煤和液态烃的典型元素组成[276]

Table 8-6　Typical compositions of coals and liquid hydrocarbons

元素	无烟煤	中挥发分烟煤	高挥发分烟煤	褐煤	甲苯	石油原油	汽油	甲烷
C	93.7	88.4	80.3	72.7	91.3	83～87	86	75
H	2.4	5.0	5.5	4.2	8.7	11～14	14	25
O	2.4	4.1	11.1	21.3	—	—	—	—
N	0.9	1.7	1.9	1.2	—	0.2	—	—
S	0.6	0.8	1.2	0.6	—	1.0	—	—
H/C 原子比	0.31	0.67	0.82	0.69	1.14	1.76	1.94	4

煤本身结构的复杂性，以及液化过程中相互反应的多变性，导致煤液化中的化学变化还不是很清楚。有的学者认为煤液化的第一步反应是煤热解成小分子单元[277]。也有的学者认为煤液化是把氢加到煤的结构中[278]。一般认为，煤直接液化过程中发生的连续加氢历程为

煤→前沥青烯→沥青烯→油

图 8-12 展示了煤液化的基本框架。因此，在液化过程中，涉及的一些反应如下：

(1) 煤溶解。通常，煤在温度高于 250℃、溶剂(供氢或者不供氢)中，煤热解形成反应碎片(自由基)。

(2) 加氢反应。在催化剂和高压条件下，氢分子被催化激活，发生供氢反应和接受氢反应。

(3) 脱除杂原子。如脱硫反应、脱氧反应、脱氮反应。

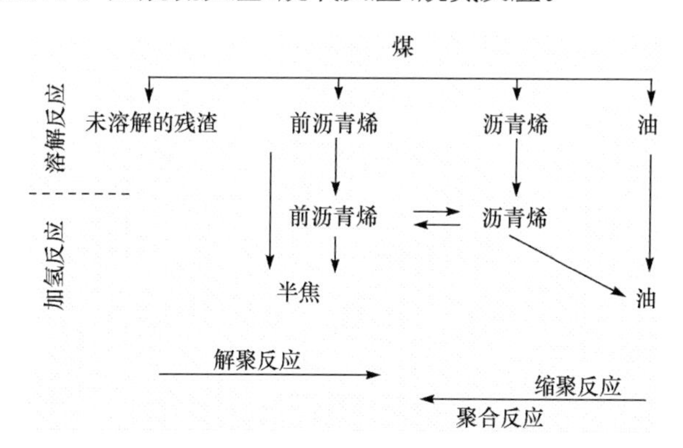

图 8-12　煤液化过程中基本的反应[4]

Fig. 8-12　Conceptual reaction scheme for coal liquefaction

煤液化的产物，除了气体、水，可以分成三个部分。在实验室中，通常用有机溶剂抽提液化后的混合物，有机溶剂有苯、正己烷、吡啶、四氢呋喃等。转化率的计算也通常通过质量来衡量，其基准为干燥无灰基。油被定义为溶于正己烷或正戊烷的部分。沥青烯和前沥青烯是指溶于四氢呋喃而不溶于正己烷的部分、溶于嘧啶而不溶于正己烷的部分，或者溶于苯而不溶于正己烷的部分。残渣是指不溶于四氢呋喃的部分。残渣中通常包含没有反应的煤、矿物质以及所加的催化剂等物质。

8.4.3 影响煤液化的因素

经研究，煤液化转化的程度和产品的组成与煤属性和液化工艺条件有密切关系，其中，煤属性的基本参数有煤级、显微组分和矿物质，液化工艺条件有温度、压力、溶剂和催化剂等。

1. 煤属性对液化的影响

据可查资料记载，探讨煤属性和液化关系的报道可以追溯到20世纪20年代[279]，但大量的研究开始于20世纪70年代早期。至今，煤属性和液化反应性已得到广泛的研究[27,127,268,277,280~297]。

1）煤级

用平均最大镜质组反射率表示煤级，能够清楚表达煤级和液化性能的关系。大量研究表明，液化转化率随煤级的升高而降低，当煤级达到中等煤级（即高挥发分烟煤）时，液化转化率最大[298]。同时，煤级也影响着液化液体产品的属性，液体产品的滤液黏度随着煤级升高而升高[281]。

Fisher等[280]系统研究了煤级对液化转化率的影响，研究表明，碳含量小于89％的光亮煤有很好的加氢性能，煤的碳含量小于81％时，随着碳含量增加，油产率会相应快速增加，但当碳含量在89％以上或者处于低煤级煤（褐煤和亚烟煤）时，油产率很低。同时，相比于烟煤，低煤级煤液化反应对实验条件的反应更敏感。

Given等[281]分析温度区间为385～425℃的高压釜液化实验数据表明，高挥发分煤的液化转化率最高，而褐煤、亚烟煤、中挥发分煤和低挥发分煤的转化率较低。Davis等[283]也研究发现，对于显微组分含量相等的煤，高挥发分煤的液化转化率要高于其他煤级煤的转化率，但在合适的液化条件下（温度、压力和反应时间等），高挥发分煤和亚烟煤能得到最高的液化产率[275,299]。褐煤也有很好的液化性能，但由于褐煤中氧含量较高，在液化中容易产生大量的二氧化碳和水，致使氢含量消耗过大。无烟煤很难液化[275,299]。研究表明，煤级位于0.65％～0.80％区间的煤具有比较好的液化性能[283]。北京煤化学研究所对我国煤的液化性能做了大量研究和评价，结果表明，褐煤、长焰煤和气煤有很好的液化性能，理想的液化性能的煤级区间应位于0.23%～0.65%[294]。

2）显微组分

显微组分主要分为三个组，即镜质组、稳定组和惰质组。总体而言，对于亚烟煤和烟煤，镜质组和稳定组比惰质组有很好的活性[282, 283,288,300～306]。Parkash等[284]研究了Alberta地区亚烟煤的液化性能，并讨论了镜质组对其液化的贡献，研究表明液化转化率与活性组分（镜质组和稳定组）有很好的相关关系，但并不是全部的镜质组都表现出活性。Davis等[283]的研究结果进一步指出，只有活性组分的含量高于70%才能得到有价值的液体产品。

Fisher等[307]的研究结果表明，镜煤（anthraxylon）和透明的碎屑体（translucent attritus）（Thiessen-Bureau of Mines煤岩分类系统）表现出活性，而丝炭（fusain）呈惰性，镜煤和透明的碎屑体很容易被转化，丝炭的转化率很低（只有10%～15%）。但是，受所用的分类方案限制，这些结果可能不是很“准确”。Given等[282,308]根据Fisher等[280]的研究结果，把镜质组和稳定组定义为活性显微组分，之后大量的研究结果均表明，镜质组和稳定组在液化中确实是活性显微组分[282, 283,308]。Given等[281]研究了富含镜质组煤的加氢液化性能。液化温度设定在400℃，通过改变催化剂和溶剂的配比来考察液化性能，反应是在高压釜中进行的。研究发现，显微组分在煤液化过程中起着很重要的作用，活性显微组分和液化转化率之间存有很好的相关关系。Davis等[283]也发现了类似的结果，即煤中的活性显微组分含量越高，其转化率越高。Garr等[309]研究了取自犹他州的24种煤的加氢反应性，并讨论了液化转化率与工业分析和元素分析结果、煤级和煤岩组成的关系。研究表明，液化转化率与氢含量呈正相关关系，而与碳含量和灰分呈负相关关系。Gray等[310]讨论了南非20个煤在蒽油（anthracene oil）条件下的加氢反应性。这些煤的共同特点是惰质组含量高，其含量高于70%。研究发现，转化率与H/C原子比、挥发分以及活性显微组分之间均呈明显的相关关系。而且，半丝质体在液化中也起到重要的作用，对液化有一定的贡献，所以，作者建议半丝质体也应该是活性显微组分。Yarzab等[268]研究了温度为400℃条件下104个高挥发分煤的液化反应性，得到了大量的数据。通过聚类分析，分析液化转化率与一些参数之间（煤级、硫含量以及挥发分）的关系，分析结果表明液化转化率均与这些参数之间存在明确的回归关系。Parkash等[284]也研究了低煤级煤（褐煤和亚烟煤）的液化反应性，并寻找煤的液化转化率与煤属性的关系，结果发现液化转化率与腐植组和稳定组含量呈正相关关系。Kalkreuth等[301]采用加拿大British Columbia四个煤样，研究它们的液化潜力。其煤岩特点是煤中镜质组和稳定组含量高而惰质组含量低，镜质组和稳定组含量可达97%～100%（体积分数）。液化结果表明，这些煤极容易转化成液体和气体产物，其液化转化率可达到90%以上，而油产率也能达到80%以上。Steller[311]采用Ruhr地区的两层煤，研究显微组分对加氢反应的影响，以及原煤、富含显微组分的煤以及通过配比不同显微组分的煤样，分别在同一条件下进行加氢液化反应。结果表明，镜质组和稳定组在液化反应中表现出很强的活性，而部分惰质组也具有一定的液化反应性。Marco 等[298]研究得到液化转化率(在 450℃条件下)与 H/C 原子比和挥发分之间均呈正相关关系。Cebolla 等[290]研究了西班牙四个褐煤的加氢液化反应性，反应温度为 400℃，所用溶剂为四氢萘。煤样的特点是显微组分含量不同，而灰分相差不大。研究结果表明，液化转化率与镜质组含量、镜质组和稳定组含量之和、全硫和有机硫的含量呈明显的相关性。但显微组分对油的性质的影响不大。唐跃刚[312]详细研究了云南省可保等地五个矿区的褐煤煤岩特征(宏观煤岩特征和显微煤岩特征)，讨论了不同褐煤的岩石类型对加氢液化的影响，并进一步研究了各显微组分在液化中的作用。研究表明，不同煤岩类型的转化率不同，液化性能的顺序为碎屑煤＞木质煤＞矿化煤＞丝质煤，萜烯体等稳定组分为活性最好的组分之一。

此外，显微组分之间在液化过程中的相互协同作用也引起了学者的关注。Parkash 等[302]研究加拿大亚烟煤时发现了各个显微组分之间有相互协同的作用，李文华[295]等在研究马家塔煤液化时也发现不同显微组分之间存有相互协同的作用，液化转化率和油产率的大小关系为原煤＞镜质组＞惰质组。但也有的学者研究表明在液化过程中，各个显微组分之间不存在相互协同的作用[312, 313]。所以，有关这个问题，报道的还不多，究竟显微组分之间在液化过程中是否存在协同作用，以及如果存在协同作用，何种相互协同反应等问题还不是很清楚。

3) 矿物质

通常，煤中的矿物主要有黄铁矿、高岭土、方解石、伊利石、石膏、石英和方铅矿等。煤中矿物对液化也有一定的影响。过去大量的研究都集中在煤中矿物对液化的催化作用方面的研究，对于液化活性好的煤，如果有内在的矿物催化剂和好的供氢溶剂条件下，能得到更理想的液化性能，煤中的内在矿物质对液化性能有积极的作用[292,314-316]。但目前还不清楚这些内在矿物影响煤的液化性能的机理。

研究表明，黄铁矿在液化中有催化作用[281,308]。黄铁矿在液化条件下能够还原成磁黄铁矿(pyrrhotite)，黄铁矿和磁黄铁矿之间的这种反应可能是黄铁矿表现出催化作用的来源[308]，来自硫酸铁的硫化铁和硫化氢也是很好的液化催化剂。碱性金属也具备液化催化的能力[275]。Öner 等[317,318]发现褐煤的总转化率和正己烷的可溶物随着褐煤中灰分的增加而增加，煤中的灰分与液化总转化率和液体产率有很好的关系，此时的灰分组成有铁(Fe)、铝(Al)、镁(Mg)、钠(Na)和钾(K)[319]。Wright 等[320]也发现蒽油的重新加氢与煤中矿物质的催化活性有直接的关系。Trewhella 等[287]综述了硫在煤液化中的作用。黄铁矿硫和有机硫对液化有一定的影响，由黄铁矿和有机硫形成的含硫化合物能够增加煤的液化反应性，黄铁矿可以分解或者部分分解成非化学计量的硫化物-磁黄铁矿和硫化氢[321, 322]，黄铁矿或者磁黄铁矿能够提高煤加氢液化性能。Mukherjee 等[323]研究了 North Assam 不同密度煤灰分中的矿物质成分对液化的影响。结果发现,矿物质中的金属铁离子和钛离子对液化有催化作用,而且,煤中的全部铁离子都参与了反应,煤中的高岭石影响煤转化成气体和苯可溶物产率,矿物的催化作用是通过对供氢溶剂的加氢,从而提高从溶剂到煤的氢转移能力来实现的。Tarrer 等[324]也发现煤中的矿物质能够对杂酚油(creosote oil)的加氢反应有一定的催化作用。黄铁矿对杂酚油的加氢有很强的催化作用,而菱铁矿和白云母的影响很小。液化转化速率提高与矿物含量有直接的关系,煤中的矿物也影响着加氢反应和加氢脱硫反应的速率。同时,作者也指出,矿物对加氢反应和加氢脱硫反应的利弊与液化采用的工艺条件和矿物质的组成有直接的关系。Granoff 等[325]通过高压釜实验研究了高挥发分的液化反应性能。反应温度为 430℃,所用溶剂为杂酚油,这些煤含有的硫含量和灰分变化很大。结果表明,含有最高矿物煤的液化转化率最高,对于含有最高矿物煤,在液化中最明显的反应是有机硫的脱除反应。但是,Rottendorf 等[326]研究了澳大利亚二叠纪烟煤的液化性能,所用溶剂为四氢萘,煤用盐酸(HCl)和氢氟酸(HF)进行脱灰,加氢液化结果表明煤的内在矿物对液化转化率有很小或者没有影响,这可能与脱灰导致化学结构的变化有关。同时,作者也指出在煤中铁含量,尤其是黄铁矿的含量很低。

另外,煤中的矿物质可能对液化催化出现反作用。研究发现,钛会降低液化的催化作用。Walker 等[327]在液化残渣中观察到了钛的存在,并指出钛在液化中呈惰性。

2. 液化工艺条件对液化的影响

与煤属性对液化反应有重要影响一样,液化工艺条件对液化性能的影响也很大,这些工艺条件包括温度、压力、溶剂和催化剂等。

1) 温度和压力

虽然煤在高温和高压条件下能够进行加氢反应,但是,无论出于经济考虑,还是技术本身的要求,寻找合理的液化温度和压力都很有必要。在低温下,煤中的大分子结构不能被打开,而在高温下,形成的自由基又很容易重新缩聚形成大分子物质,因此合适的温度很重要。根据以前商业用的工艺条件,一般而言,所用的温度和压力分别集中在 400～460℃和 10～30MPa。而在实验室中,为了完成研究目的会不断调整液化温度和压力,但大部分实验所需的温度和压力一般分别从 330℃和 6.9MPa 开始。

2) 溶剂

虽然没有溶剂液化也能发生,但是溶剂仍然是影响煤液化转化的一个重要因素。如果不加溶剂或者催化剂,煤转化成油的能力会较低[275]。很多文献综述了煤液化所用到的溶剂[328,329]。在煤液化的开始阶段,溶剂能够稳定活性的小分子碎片(自由基)等,这些小分子碎片来自煤大分子结构的分解[278],随着反应的不断进行,溶剂能够溶解稳定的碎片。同时,溶剂也能参加加氢反应和杂原子的去除反应。随着液化工艺的不断改进,很多种溶剂也得到研究,包括供氢的溶剂(如四氢萘、9,10-二氢化菲、1,2,3,4-四氢喹啉等)、转移氢的溶剂(如萘、菲和芘等)以及其他种类的溶剂(如吡啶、四氢呋喃和四氢喹啉等)。

3)催化剂

液化用的催化剂有两种来源:①内在催化剂,即煤中的矿物质;②外来催化剂,即添加的催化剂。有关内在催化剂对液化的催化作用已经在8.4.3作了讨论,这里不再讨论,这里主要讨论外来催化剂对煤液化的影响。朱继升等[330]详细讨论了外来催化剂对煤液化的影响。Gorin[275]指出催化剂的主要作用在于提高溶剂的加氢能力以及增强自由基捕捉氢的能力。催化剂能够使氢分子变成氢原子,且能加速氢的转移速度[331],催化剂也可以参与化学反应或者加速化学键的断裂。酸性催化剂(氯化锌、氯化锡等)是一种重要的催化剂。分散催化剂常常只是个前驱体,因为这些催化剂分解会形成活性催化剂。超细分散性铁系催化剂得到了很广泛的研究和应用[332]。

8.4.4 树皮煤的液化性能

1. 恒定温度下的液化性能

在实验温度为430℃条件下,利用显微高压釜(tubing bomb)对样品进行了液化反应,其结果如表8-7所示。从表8-7中可以得出,树皮煤的液化转化率均高于75%。LP样品具有最高的液化转化率(87%),也产生最高的油和气生成率(76%)。戴和武等[127]利用0.5L高压釜研究了乐平B_3煤层煤的液化性能,其数据也列于表8-7中。树皮煤的液化转化率范围为87%~91%,液体产生率为58%~60%。与本书得到的液化转化率较相近。

表8-7 在温度430℃下LP和CG样品的液化结果

Table 8-7 Liquefaction results for LP and CG coals in microautoclave reactions at 430℃

参考文献	样品	产率(质量分数,干燥无灰基)/%		
		转化率	油和气	沥青烯和前沥青烯(PAS+AS)
Wang等[166]	LP	87(3.53)	76(1.41)	11(2.12)
Wang等[166]	CG	87(4.24)	56(2.83)	31(1.41)
戴和武等[127]	LP	87~91	n. r.	n. r.

注:n. r. 是指没有报道;括号内的数字表示标准偏差。

2. 温度对液化性能的影响

选择 LP(富含树皮体)煤样研究温度对煤液化性能的影响，选择的液化温度分别为 380℃、400℃和 430℃。表 8-8 列出了煤样在不同温度下的液化结果，当温度为 380℃，LP 煤样的转化率很低，仅为 42.98%；而当温度增高至 400℃时，LP 煤样转化率提高得很快，达到 85.39%；温度为 430℃时，液化转化率为 87.16%。同时可以看到，温度为 400℃和 430℃时，LP 煤样的转化率变化不大。

表 8-8　不同温度下 LP 煤样的液化结果

Table 8-8　The liquefaction results of LP sample at different temperatures

温度/℃	产率(质量分数，干燥无灰基)/%		
	转化率	油和气体	沥青烯和前沥青烯
380	42.98	16.91	26.07
400	85.39	65.45	19.93
430	87.16	76.44	10.72

通过研究发现，温度对 LP 煤样液化反应有很大影响，总转化率以及油和气体产率都随反应温度的升高而逐渐增大，达到一定程度后，随着温度的升高，转化率变化不明显。根据热重分析结果，当温度在 380℃时，LP 煤样还没有开始剧烈热解，这时只是煤中一些弱的化学键开始裂解，因此在此温度下，转化率低是很正常的。随着温度的升高，煤中比较强的化学键被依次裂解，产生了比较多的自由基，这些自由基捕捉到有效的自由氢，从而稳定下来，生成了低分子物质，因此此过程中煤样的转化率以及油和气体产率在增加。在 380～400℃，液化的转化率增加得很快，这与煤样的热解剧烈是相符合的，当温度达到 430℃时，也就是 LP 煤样的热解速率最大时的温度，转化率及油和气体的产率都达到最高，但是液化转化率相比于 400℃，变化不是很大，而油和气体产率变化稍大，因此这时的高油和气体产率，除了一部分是由于液化过程中产生的自由基及时被活性氢稳定而生成的之外，可能有一部分是由沥青烯和前沥青烯裂解导致的。

3. 树皮体对树皮煤液化性能的影响

为了研究不同树皮体含量对煤液化性能的影响，选择了 LP-4、LP 和 LP-2 煤样进行研究。实验所用的温度为 430℃，其他实验条件及其液化后混合物的处理与第 8 章描述的相同，实验结果见表 8-9。从表 8-9 中可以看到，在同样的实验条件下，LP-4 煤样的液化转化率最高，其次是 LP，最低的为 LP-2。图 8-13 表明煤样的液化转化率与煤样的氢含量之间在显著性水平为 0.05 有一定的正相关关系(r=0.97)，也就是说，煤样的氢含量越大，其转化率越高。由于本次实验的目的是寻找树皮体对液化的贡献，所以把液化转化率与树皮体含量进行了相关分析，结果得到相关系数可以达到 0.90，这也表明液化转化率与树皮体含量在显著性水平为 0.10 时有一定的相关性（图 8-14）。但是，由于在这里选择的煤样数量有限，且 LP-4 煤样有其本身特殊的化学性质和流动性特性，所以本次实验的结果只是个初步的结论，还需要进一步的研究论述。另外，图 8-15 表明煤样的转化率与用基氏流动仪测得的最大流动度温度在显著性水平为 0.01 时呈明显的负相关关系（$r=-0.96$），表明煤样的液化性能还与煤样的流动性有关。Senftle[265] 在研究 Lower Kittanning 煤层煤的液化性能与流动性时，也发现液化的转化率与煤样的最大流动度温度有明显的负相关关系。因此，可以依据煤样的流动性的基本特征，对煤样的液化性能进行评价。

表 8-9 同一温度下不同煤样的液化结果(430℃)

Table 8-9 Liquefaction results of different samples at the same temperature(430℃)

煤样	产率(质量分数，干燥无灰基)/%		
	转化率	油和气体	沥青烯和前沥青烯
LP-4	95.90	69.31	26.59
LP	87.16	76.44	10.72
LP-2	85.78	64.72	21.06

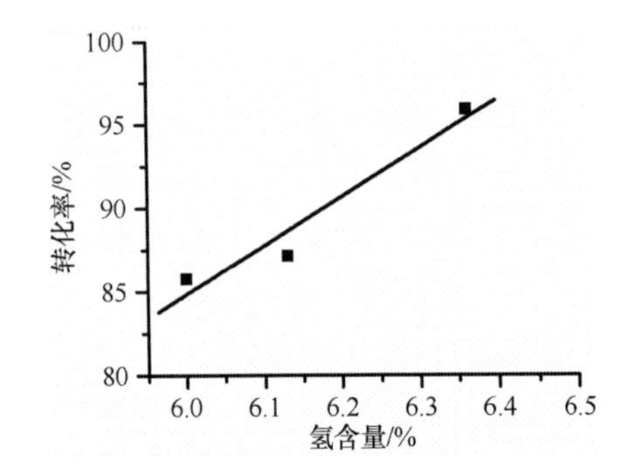

图 8-13 转化率与氢含量的关系

Fig. 8-13 Relationship between conversion and hydrogen content

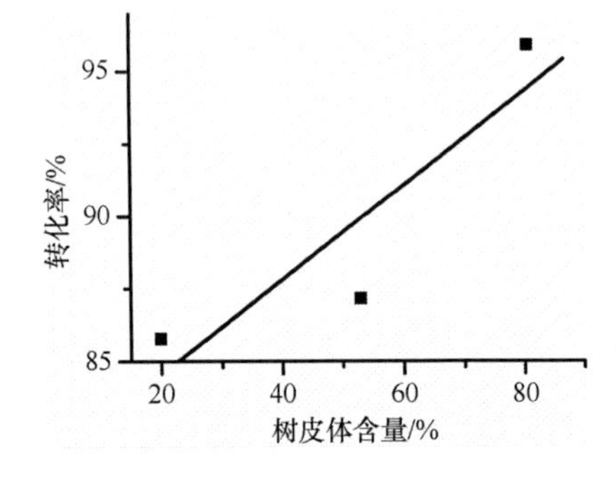

图 8-14 转化率与树皮体含量的关系

Fig. 8-14 Relationship between conversion and Barkinite content

从表 8-7 和表 8-9 的数据中还可以进一步看到，虽然液化采用的温度为 430℃，即树皮煤样的热解速率最大时的温度，但树皮煤的液化转化率不高，大部分都集中在 85%左右，而沥青烯和前沥青烯的含量很高，因此可以推断在此温度时，树皮煤虽然产生了大量的自由基，但这些自由基又相互重新反应生成相对分子质量比较大的沥青烯和前沥青烯，从而导致沥青烯和前沥青烯的含量偏高。8.2 节的研究已经表明，树皮煤具有极强的流动性，因此此液化效果可能与这种的极强流动性有关。但是受时间的限制，没有做大量的有关这方面的研究，所以有关这个方面，还有待于进一步的研究。

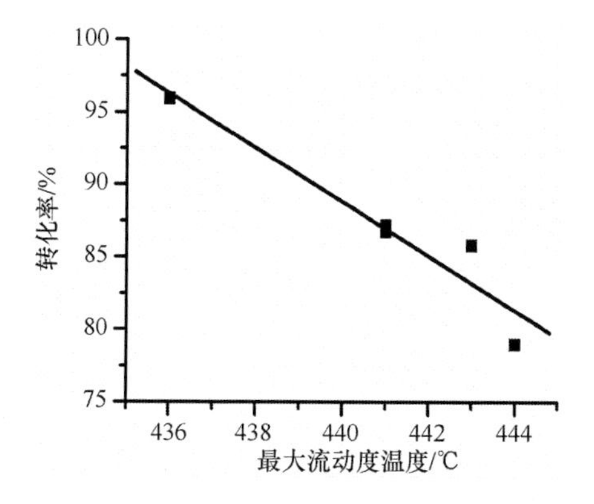

图 8-15　转化率与最大流动度温度的关系

Fig. 8-15　Relationship conversion and MFT

8.4.5　液化反应中的基本特征变化

煤的反应性是物理组成和化学组成共同作用的结果[280]，煤液化的程度不但与煤的化学指标有很大的关系，而且与煤的物理因素有直接的关系。显微组分对液化的影响已经在 8.4.3 节做了详细的介绍，液化残渣中显微组分的状态可以评价煤液化进行的程度以及评价实验工艺条件是否合理。因为残渣中组分的状态是由原煤组成和液化工艺条件共同控制的，显微组分在液化中反应的程度与液化反应条件、供氢溶剂提供氢的能力以及显微组分接受氢的能力等因素有直接的关系，所以通过残渣中显微组分的一些光学特征能够直接反映液化反应工艺条件选择的合理性。

大量学者已经描述了在不同工艺条件下显微组分在液化过程中的变化[278,283,333, 334]。Mitchell[335, 336]详细描述了在不同工艺条件下一些显微组分在加氢液化后残渣(苯不溶物)中的光学特征，镜质组可以变成镜塑体、煤胞以及各向异性的半焦等，稳定组能够被转化成细粒残渣。同时基于此研究，通过根据反射光下抛光的煤岩煤样表面显微组分的形态、大小、相对反射率以及各向异性等指标提出了有关煤液化残渣的分类，此分类具有一定的实际意义。

一般而言，煤液化过程中主要分两个阶段进行：第一阶段是煤的大分子结构经过分解和裂解等反应释放出内在分子和断开弱键形成新的碎片；第二阶段是控制这些碎片进一步聚合以及去除杂原子反应。因此，煤的液化是一个化学工艺过程，也就是说在煤液化过程中，煤的化学结构要发生变化，而运用 Py-GC/MS、CP/

MAS ^{13}C NMR 和 FTIR 分析技术能够研究液化过程中的化学结构特征变化[49,66,70,337~339]。

煤液化过程中煤岩学特征和化学特征的变化如下。

1) 煤岩学特征的变化

从 20 世纪 70 年代中期开始，学者系统开展了煤液化过程中煤岩学特征变化的研究，通过不断改变液化条件，经小规模加氢液化后得到残渣，然后对残渣的组成和组分进行光性观察，液化条件主要包括温度、压力和反应时间[296, 304, 312, 321, 336, 340~343]。通过对比原煤和液化残渣的光性变化能够评价煤中显微组分在液化过程中变化的程度，进而帮助理解指定煤的液化性能，同时，这项研究也能评价所用的液化工艺条件是否合适。

Davis 等[283]研究了在不同温度下(316～427℃) 两种煤一系列的加氢液化残渣的光学特征。在温度较低时(316℃)时，发现镜质组和一些稳定组(主要是孢子体和树脂体)没有变化，温度升高到 399℃时，镜质组变成了薄壁煤胞(thin-walled cenosphere)，而稳定组已经消失，而当温度升至 427℃时，在残渣中大部分都是丝质体和半丝质体。

Neavel[278]观察了在空气气氛和 400℃条件下，不同反应时间得到的一系列液化残渣的光性特征，反应时间设为从几秒到 50min。结果发现，镜质组在高于 40s 后，就开始膨胀并变形。稳定组只有在反应时间小于 5min 能观察到，而当反应时间高于 5min，稳定组在残渣中就消失了。

Mitchell[335]详细描述了在不同温度条件下液化残渣(苯不溶物)中显微组分的光学特征。在不同的温度条件下，各个显微组分的变化情况不同，镜质组可以变成镜塑体(Vitroplast)、煤胞(Cenosphere)以及光学各向性的半焦等。稳定组可以变成细粒状的残渣。根据在普通反射光下，通过抛光面上显微组分的形态、大小、反射率和光学各向异性等特征，对煤液化残渣的固体物质进行了分类[335, 336]，此分类对于鉴定液化残渣中组成的相对含量具有重要的实践意义。陈洪博等[296]观察了神东煤液化残渣的光学特征。Shibaoka [333]详细描述了在加氢过程中镜塑体的形成和发展，并指出镜塑体的变化与实验条件是紧密相连的。Shibaoka[334]观察了溶剂为四氢萘、不同温度条件下的镜质组的变化。

Shibaoka[333]通过高压釜研究了各种显微组分在不同温度和不同溶剂中的变化情况。所用溶剂有四氢萘、萘和十氢萘等，温度变化范围为 305～390℃。在四氢呋喃溶剂中，随着温度的不断升高，各个显微组分的变化情况不同。煤经四氢萘处理过后，结构镜质体和凝胶碎屑体膨胀，形成薄层片状，凝胶结构镜质体形成相对粗糙的塑性粒状，镜质组和半丝质体之间的过渡组分仅仅发生轻微的塑性而不膨胀。在溶剂萘中，镜质组发生明显的膨胀，但没有呈现塑性，而在四氢萘中，镜质组没有发生膨胀也没有塑性。

Parkash等[342]观察了两种不同工艺条件下三个亚烟煤液化残渣的光性特征，其中采用的温度，一个工艺条件下为460℃，而另一个工艺条件下为400℃。结果显示，腐植组已经变成煤胞、细粒状残渣和半焦。粒度比较大的半丝质体变成微粒状，这些微粒状常常吸附在细粒状残渣中。在残渣中没有观察到稳定组，这说明稳定组已经全部被转化掉。

Shibaoka等[344]对澳大利亚烟煤(Bayswater seams)液化后的残渣(苯不溶物)进行了显微特征描述。这些煤的共同特征是含有高的惰质组，液化实验的实验条件如下:温度范围为350～475℃，溶剂为四氢萘，未加催化剂。为了对比，在同样的温度条件下，在氮气气氛下进行了炭化实验。在温度为350℃和375℃时，残渣中惰质组的形态与未反应煤中的形态基本一致。但当温度在375℃时，一些惰质组粒子的边缘变得稍微被侵蚀，表面有轻微的气泡孔状，同时，也能看到细粒状的惰质组颗粒，这些特征表明一些惰质组发生加氢反应。温度升至400℃，惰质组粒子的平均反射率增加，能够看到一些光学各向性物质，这些进一步表明惰质组的溶解作用变得明显。而当温度升至425℃和475℃时，物质的光学各向性愈发明显，一些惰质组粒子呈现塑状，可以看到球形或者椭圆形形状。

Hower等[291]也研究了一些惰质组含量高的煤液化残渣的显微组分特征，液化是在不同的时间和不同温度条件(385℃、427℃和445℃)下进行的。在短时间和低温度的液化条件下，可以辨别出镜质组，而在高温和较长的反应时间下，在半丝质体含量高的煤样中可以看到由镜质组和半丝质体转变而来的镜塑体。随着半丝质体的减少，镜塑体和光学各向性的半焦数量在增加。

2) 化学结构特征的变化

Senftle[265]用FTIR研究了一系列富含镜质组煤的液化性能与结构的关系，结果显示液化转化率与煤中的亚甲基含量有关，而不是全部的脂肪族含量。Fatemi-Badi等[338]应用固态^{13}C NMR和FTIR研究褐煤在液化中的化学结构变化，表明在液化中，脂肪族的C—H官能团减少而相应的芳香族的C—H官能团增加，羰基官能团消失。

Saini等[339]综合运用Py-GC/MS、FTIR、^{13}C NMR技术研究了煤液化过程中的化学结构变化，比较了原煤和液化残渣的化学结构的变化。在300℃，无论有无溶剂和催化剂，化学结构在液化过程中没有明显的变化，只是轻微芳碳率增加。但当温度升高到350℃时，化学结构呈现明显的变化，其主要变化为含氧官能团(如羧基)消失和苯酚强度降低，如加入催化剂，醚键也会明显减少。

Song等[70]运用Py-GC/MS技术和^{13}C NMR技术研究了Montana亚烟煤的分子结构和这种煤液化残渣的化学结构，残渣是通过设定温度从300℃到425℃经过液化后得到的。研究表明，一些含氧官能团在液化过程中发生了很大的变化，但是不同的化合物的变化不同，邻苯二酚官能团在温度高于 300℃就消失，而羧基官能团在 350℃后才消失，苯酚的浓度随着温度升高而减少。

此外，崔洪[67]运用 FTIR 研究了兖州煤液化过程中的化学变化。Franco 等[49]运用^{13}C NMR 技术通过对比原煤和经过化学处理产品的化学结构，阐述了化学处理过程中发生的化学变化。Yoshida 等[337]用^{13}C NMR 技术测得的结构参数来预测煤液化的反应性，结果发现油产率与亚甲基含量有很好的关系，同时气体产率与亚甲基和甲基含量之和也存有很好的关系。

8.4.6　树皮煤液化过程中的性质变化

1. 液化残渣分类

液化残渣的分类依据 Mitchell 等[335, 336]、Ng[343]和唐跃刚[312]描述的进行，但主要是参考 Mitchell[335,336]的分类方案，其分类具体情况见表 8-10。在这里，镜塑体定为来自镜质组的经过流动或者曾经流动过、具有光学均一性的像沥青物质似的物质[335]。煤胞定义为由镜质组形成的薄壁(thin-walled)、光学均一性，而且又是空球形的一种物质[283]。

表 8-10　烟煤加氢液化残渣的基本有机组成

Table 8-10　Summary of organic residue components from the hydrogenation of bituminous coal macerals

显微组分前驱体	有机残渣组成
镜质组	未变化的镜质组 镜塑体 颗粒状残渣 煤胞 各向异性半焦
丝质体	丝质体
半丝质体	半丝质体 镜塑体 各向异性半焦
粗粒体	不详
微粒体	不详
稳定组	颗粒状残渣

2. 树皮煤残渣的光学特征

如前所述,稳定组在加氢液化过程中有利于提高液化的油产率,因此研究稳定组在液化过程中的变化就显得很有意义。通过第 5 章的介绍已经得到,LP、CG 和 DHB 煤样最主要的煤岩学特征是富含树皮体,所以首先来研究树皮体在液化过程中的作用,但是在本次实验所用的条件下(反应时间为 60min,反应温度为 430℃),在残渣中没有发现稳定组或者树皮体,也就是说,稳定组或者树皮体已经消失。有的学者已经指出,稳定组(孢子体) 只有在短时间(小于 5min)或者在温度低于 400℃时才能观察得到[278,335]。但是本次实验所采用的温度是 430℃,反应时间为 60min,所以本次实验并不利于观察稳定组在残渣中的光学特征。在残渣中,可以看到一些镜塑体(图版图 32),镜塑体一词是由 Mithchell 等于 1977 年提出来的,定义为经过流动或者曾经流动过、具有光学均一性的像沥青物质的,来自于镜质组的一种物质。镜塑体常常在温度为 325～350℃形成,随着温度的升高,残渣中镜塑体的数量会减少。在煤样的残渣中,还能发现其他显微组分残渣的光学特征,在 DHB 煤样的残渣中可以看到没有经过改变的丝质体(图版图 33), 而在 LP 和 DHB 煤样中,能够观察有各向异性体形成(图版图 34～图 36),各向异性体的形成与液化反应的温度或者自由基供氢不足有关,因为煤的液化反应是加氢反应和炭化反应二者相互竞争的结果。如果炭化反应发生,就会形成各向异性体,在本实验中,液化采用的温度是树皮煤热解时最大热解时的温度,温度影响的可能性不大,因此各向异性体的存在由生成的自由基在液化过程中接收氢的能力不足导致。此外,在 CG 煤样中可以观察有未改变的方解石存在(图版图 37),而在 DHB 煤样中,黄铁矿形态也没有发生变化(图版图 38),也就是说从形态上判断,这些矿物在煤液化过程中没有发生变化,即与原煤中的形态一致。

3. 树皮煤的结构特征变化

1) FTIR 研究

图 8-16 对比了 LP、CG 和 DHB 三个煤样的原煤和在 430℃条件下液化得到的残渣的 FTIR 谱图。从图 8-15 图谱中可以很清楚地看到,在 430℃液化后,位于 $2950\sim2850cm^{-1}$附近的吸收峰已经消失,而此峰归属于脂肪 C—H 伸缩振动吸收峰,也就是说,煤结构中的脂肪 C—H 官能团参与了化学反应。在 $1700cm^{-1}$左右的含氧官能团(如羰基)在液化后有明显的降低。Saini 等[339]研究得到亚烟煤在 350℃不加溶剂条件下的液化之后,位于 $1700cm^{-1}$附近的羰基官能团减少。Fatemi-Badi 等[338]也研究了褐煤在液化过程中的化学结构变化,发现 C—H 伸缩键强度在减少,而位于 $1740\sim1690cm^{-1}$ 区间的含氧官能团强度的消失。通过煤样的图 8-16图谱对比还可以发现,位于 $1600cm^{-1}$周围的峰强度在 430℃液化后也减

少。通常在 $1600cm^{-1}$ 附近的峰归属于芳香核(C ═C)伸缩振动，而此峰强度的减少反映煤样发生了加氢反应。

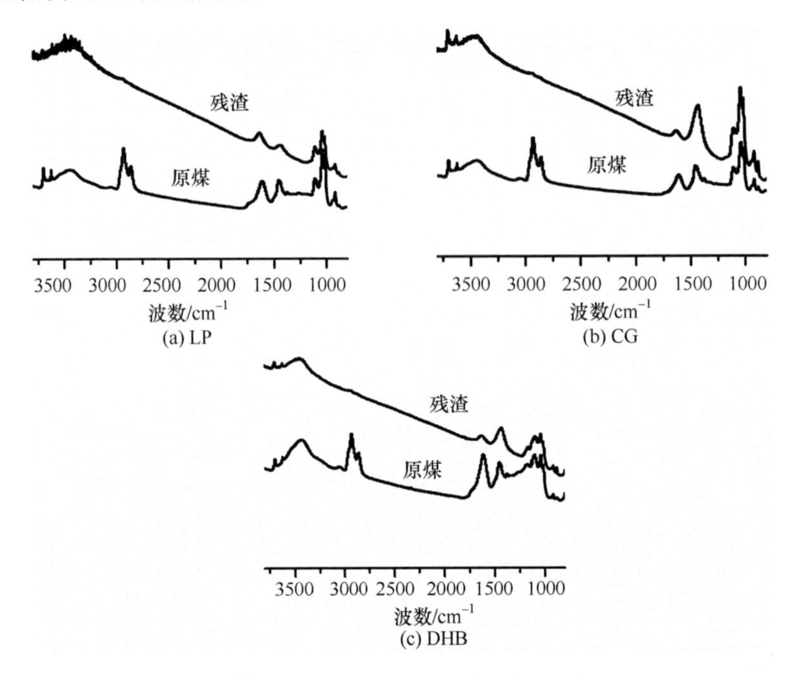

图 8-16　LP、CG 和 DHB 原煤和残渣的 FTIR 对比图

Fig. 8-16　Comparison of FTIR spectra of raw coal and liquefaction residue of LP, CG, and DHB

2) Py-GC/MS 研究

图 8-17～图 8-19 分别展示了 LP、CG 和 DHB 煤样 430℃液化(溶剂为四氢萘)后得到的残渣 Py-GC/MS 特征图，其主要峰的鉴定还是以表 7-3 为准。从这些液化残渣的 Py-GC/MS 谱图上可以看出，这些煤样热解产物组成的一个共同特征是主要以烷基萘为主，也就是说，烷基萘在热解产物的含量要高于其他化合物。烷基取代萘的数量变化为 C_0～C_4，但是以 C_2-萘和 C_3-萘为主。这里需要明确，虽然液化残渣已经经过丙酮和戊烷的多次清洗，之后又在 100℃的真空干燥器中干燥了 6h，但是部分萘峰可能仍然来自四氢萘溶剂。Song 等[70]运用 Py-GC/MS 技术研究了不同反应温度下残渣的化学结构，研究发现当液化的温度为 400℃时，在残渣中萘和甲基萘的相对强度增高。在本次研究中，虽然液化残渣中的萘和甲基萘的相对强度也高于其他化合物，但是 C_2-萘和 C_3-萘的相对强度变化更为明显。此外，从原煤和残渣的热解产物还可以看出，烷基苯和烷基苯酚的相对强度和数量也在减少，而烷烃/烯烃中碳的数量小于 20 的化合物也全部消失，这些特征变化表明这些化合物都参与了液化反应。

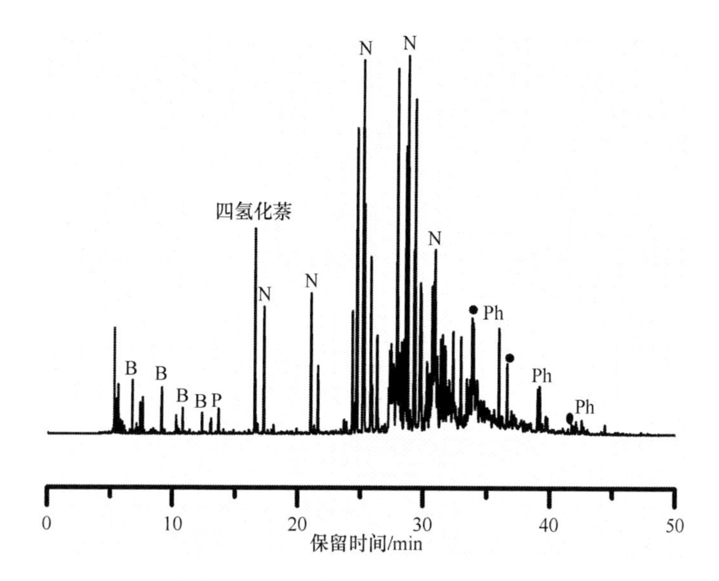

图 8-17　LP 残渣的 Py-GC/MS 谱图

Fig. 8-17　Py-GC/MS profiles of LP residue

黑点代表 *n*-烷基/烯烃；B 代表烷基苯；P 代表烷基苯酚；N 代表烷基萘；Ph 代表烷基菲

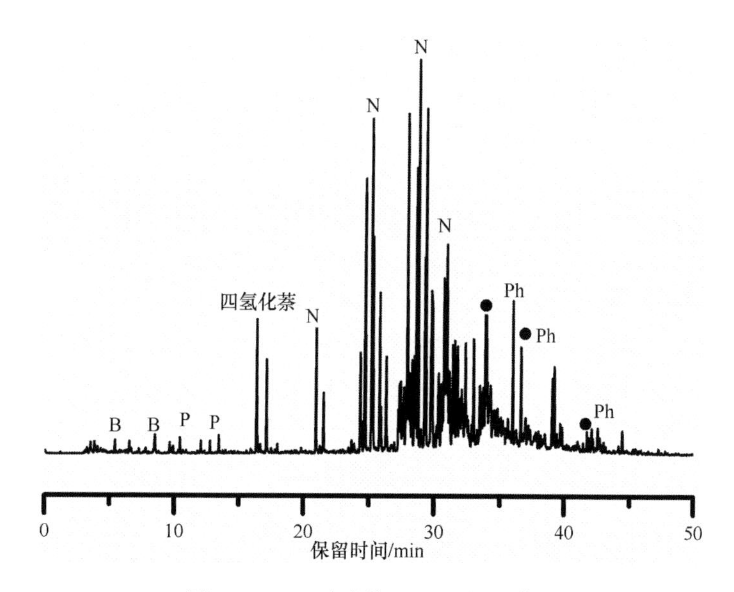

图 8-18　CG 残渣的 Py-GC/MS 谱图

Fig. 8-18　Py-GC/MS profiles of CG residue

黑点代表 *n*-烷基/烯烃；B 代表烷基苯；P 代表烷基苯酚；N 代表烷基萘；Ph 代表烷基菲

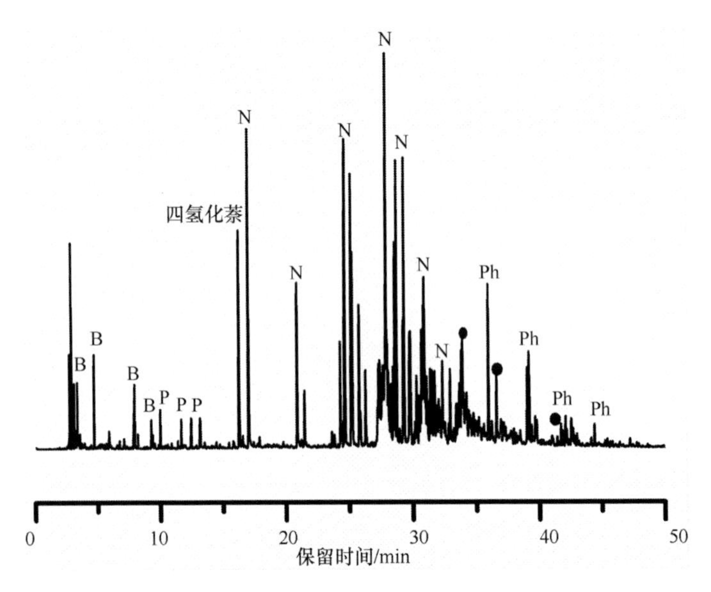

图 8-19 DHB 残渣的 Py-GC/MS 图谱

Fig. 8-19 Py-GC/MS profiles of DHB residue

黑点代表 *n*-烷基/烯烃；B 代表烷基苯；P 代表烷基苯酚；N 代表烷基萘；Ph 代表烷基菲

8.4.7 树皮煤的液化性能探讨

按照我国的烟煤显微组分分类方案，树皮体属于稳定组的一个组分。稳定组在液化中是活性组分，也就是煤中的稳定组含量越高，其液化性能越好。相比于镜质组和惰质组，稳定组中氢含量最高，煤的液化转化率与氢含量之间成正比关系。由样品的元素分析可以得到，树皮煤的氢含量很高，而且氢含量与树皮体含量之间有显著的正相关性，所以推断，树皮煤的液化转化率应该与树皮体含量有关。研究显示在本实验条件下，液化转化率与氢含量有很好的正相关性，也与树皮体含量紧密相关，本液化实验的结果显示，树皮煤的液化转化率不是很高。虽然乐平和长广煤样的镜质组和稳定组含量之和分别达到 90.8%和 88.4%，但乐平和长广煤样的液化转化率分别为 87.16%和 86.72%。通过研究发现，这些煤的转化率不高可能与以下几种因素有关：①选择的液化条件。由于在本书中，没有过多讨论该方面，而使用的液化条件比较单一，所以在这里不过多讨论。②煤样的煤级。本次使用树皮煤的平均最大反射率都在 0.65%以上，按照朱晓苏[294]的研究结果，理想的液化性能的煤级区间应位于 0.23%～0.65%，所以煤级偏高可能导致其液化转化率偏低。③硫含量，尤其是有机硫含量高。通过第 5 章的分析得到，所用的树皮煤的有机硫含量均很高，Trewhella 等[287]综述了煤中有机硫对液化的影响，指出含有硫官能团能够被还原成硫化氢。而煤分子结构中，相比 C—C 键强度，C—S 键强度比较弱,因此有机硫会消耗一部分活性氢,而使反应环境中的活性氢减少。④树皮煤的化学结构特征表明,树皮煤的芳碳率不高,在脂肪族结构中,乐平煤样和长广煤样含有更多的脂环结构,且乐平煤样中含有更多的亚甲基基团数量,所以对于树皮煤,受热后煤中的化学键很容易发生裂解,从而形成低分子化合物,这与其热重特征是一致的。树皮煤的热解特征已经表明,其热解剧烈,最大热解速率可高达1.11%/℃,因此在一定时间内,可以生成大量的低分子化合物,若自由基供氢的转移受到限制,致使煤热解形成的大量自由基碎片之间会相互结合而生成中间产物甚至焦炭。煤的液化残渣光性观察也表明,液化后有各向异性体生成。一般而言,各向异性体的生成是由温度过高或者供氢不充分导致的,而在本次实验中,液化采用的温度恰好是这些煤热解最大速率的温度,所以各向异性体的生成并不是温度过高导致的。因此,之所以生成各向异性体,是因为部分自由基碎片确实没有及时得到活性氢,这就再次证明了在富含树皮体的液化过程中,自由基供氢受到限制。此外,富含树皮体的样品,其流动性特强,其最高的流动度至少可高达180000ddpm,如此高的流动性是否对液化效果有影响,需要进一步研究。但是由于受本实验所用的样品数量和实验条件的限制,还不能确定到底哪种因素影响树皮煤的液化性能。因此,为了探讨树皮煤液化性能的影响因素,还需增加样品数量、改变实验条件和详细分析样品属性等多个方面来综合考虑。但是从本研究中可以得出,对于树皮煤,详细研究其流动性能是关系此类煤合理利用的一个关键环节。

第9章　树皮煤的合理利用途径

树皮煤的利用一直是人们感兴趣的课题，但至今仍没有找到树皮煤加工利用的最佳途径。目前，树皮煤仍作一般动力燃料和民用，严重浪费资源。其实，树皮煤典型地区——乐平煤的开发历史悠久，乐平煤最早开发于桥头丘矿区，在清朝嘉庆、道光、咸丰年间开采已甚。从1955年开始，对乐平煤进行了大规模的普查与勘探工作。中华人民共和国成立前，开采出来的乐平煤多运销九江、汉口等地作为火车用煤和发电厂、水泥厂等动力用煤。中华人民共和国成立后，鸣山等地曾用乐平煤进行冶炼钢铁，但是焦炭质量差。20世纪60年代初，曾试图用乐平煤进行低温干馏法炼油，并筹建了炼油厂，但由于勘探储量不足等，未能试投产[188]。

9.1　过去的利用方式

对树皮煤的合理利用方面，过去进行了大量的研究[127, 188, 345]。19世纪30年代，贾魁士等就曾尝试用乐平煤进行低温干馏，并研究了氧化对乐平煤低温干馏的影响。罗庆隆研究了乐平煤的高压釜加氢实验，以期获得液化油。参考前人的研究及其记载[127, 188, 345]，大致整理了树皮煤的过去利用或者研究情况，总结如下。

1. 作炼焦用煤

由于乐平煤表现出挥发分高、焦油率和氢含量高、黏结性强、硫分高，尤其是有机硫含量高等特征，所以不能作为单独炼焦用煤。铁箱实验结果也表明，其焦炭裂纹、气孔发育，机械强度和耐磨强度均较低，硫分较高。但是，随着煤加工利用研究的进展，这种煤配入低硫分的其他煤种炼焦，如低硫份贫瘦煤，可望获得较好的焦炭。

2. 作气化用煤

由于树皮煤黏结性强、热稳定性差，所以不适合作为一般的固定床或鲁奇炉的加热气化用煤，但可直接利用伍德炉或立箱式炉进行高温干馏以制取大量煤气和焦炭，煤气经脱硫后可作气体燃料或城市煤气使用，焦炭可进一步气化产生合成原料气，但必须先脱出 H_2S 等气体。

3. 作动力用煤

乐平煤具有灰分较低(尤其是块煤)、发热量很高和煤灰熔融性较高等特点,适合作为一般动力用煤。但存在如下问题:①结渣现象严重,不利于排渣;②由于挥发分高,入炉煤瞬间产生大量挥发物,使煤得不到充分燃烧,影响了煤的热效率;③因硫分高,燃烧时大量的烟尘和废气(含 H_2S、SO_3 等毒性气体)排出,严重污染环境,同时腐蚀锅炉管道。

4. 以低温干馏为主的综合利用

乐平煤的焦油产率很高,是低温干馏的好原料。戴和武等[127]研究表明,乐平树皮煤的葛金实验低温焦油产率很高,尤其是鸣山矿和桥头丘矿煤的焦油产率分别高达 32%和 24.6%～29.9%,但由于黏结性强,膨胀性大,所以热解过程无法正常进行,为解决这一问题,颜跃进等[188]研究提出,较为理想的方法是配加惰煤降黏并采用多段回转炉(MRF)低温热解新工艺。即采用配加海拉尔褐煤($T_{ar,daf}$=9.37%)30%或神木长焰煤($T_{ar1,daf}$=12.9%)40%,达到最佳效果。该实验结果表明,可获得约 14%(质量分数)的气体,热值为 15.68～20.37MJ/nm^3,是中热值的气体燃料;可获得 12%～14%的液态产品,其轻质组分和中油馏分含量较高,可进一步加工成轻质液体燃料和其他宝贵的化工产品;可得到约 69%的半焦产品,该产品燃烧性能好、燃烧稳定、可磨性好、无爆炸性、比电阻大、焦粒分布范围广,可作高炉喷吹等燃料。以低温干馏为主的综合利用一方面可以达到降黏目的,使其热解过程顺利,另一方面能得到较高产率的气、液、固三态产品,是一条综合利用乐平煤的好途径。但是,该工艺和方法也有某些不足,如何选择最佳的热载体、催化剂来提高焦油产率;在热解过程中如何防止轻质馏分的损失等。

5. 作液化用煤

从 20 世纪 30 年代开始,学者先后做过大量液化实验,获得基本成功,60 年代初曾在乐平筹建炼油厂,因树皮煤储量不足,石油工业的迅猛发展等而未能建成投产。1979 年北京煤化学委托美国匹兹堡能源技术中心对乐平鸣山煤进一步作了实验室的直接液化性能实验。实验采用 0.5L 搅拌高压釜进行间歇循环加氢和加合成气液化。根据加氢和合成气的自催化液化以及添加黄铁矿作催化剂的四种液化结果分析,用黄铁矿作催化剂的加氢液化效果很好,其煤的转化率达 95%～96%,液化产率达 68%～71%,液态产物黏度(60℃)为 40～55CP,苯不溶物为 4.6%,沥青烯为 34.8%,油为 60.6%。因此,乐平煤用于液化是可行的,但需作进一步实验,在溶剂选取、催化剂制备等方面需要进一步实验分析,以期获得较好的液化产品。

6. 生产成型煤塑料

由于乐平煤的可塑性较好，变质程度低，煤结构比较“松散”，且含有较多的脂族和烷基侧链。鉴于这些特征，颜跃进等[188]研究了利用乐平煤，通过添加某种改质剂直接压制成型煤塑料制品的可行性实验，并获得成功。研究得到的煤塑成品性能如下：直径 35mm，管壁厚 5mm，颜色为黑色，这种煤塑管具有良好的绝缘性、抗酸、抗碱性和较好的机械强度，但仍存在不足，如耐热性较低、实验过程中塑挤的温度区间较狭窄等。

7. 乐平煤超临界萃取研究[345]

以乐平煤为研究对象，在半连续萃取装置上进行了等温超临界萃取研究。研究表明，在温度为 355～425℃、10MPa 条件下，用甲苯作为萃取剂对乐平煤进行萃取，在温度为 380℃时，萃取率出现一个最大值(64%，质量分数，无水无灰基)，且存取过程中不结焦。在 380℃、5～10MPa 条件下，甲苯萃取率随着压力增加而线性增加。而在 380℃、10MPa 下，用混合萃取溶剂(甲苯、四氢萘、甲醇等)得到的转化率和萃取率均低于甲苯。进一步对萃取过程中的残渣研究表明，残渣具有较高的发热量，建议可以作为气化或者燃烧的原料。

9.2 建议利用途径

9.2.1 基本特性

通过本书研究，并结合整理分析过去的大量数据，树皮煤(体)的基本特性总结如下。

1. 物理和力学性能方面

树皮煤的硬度属于半坚硬-坚硬，具有韧性，内生裂隙不发育。燃烧时，焰长烟浓，具有沥青味，密度较小[188]。乐平树皮煤的可磨性指数也低于一般烟煤[127]。乐平树皮煤的煤灰熔点普遍较高，软化温度均高至 1350～1500℃，属于难熔和不熔灰[127]。

2. 有机质类型和成熟度方面

树皮煤的有机质类型位于Ⅱ-Ⅲ型干酪根区域内。树皮煤的平均最大镜质组反射率数值为 0.69%，表明树皮煤处于变质阶段的早期。树皮煤的成熟度处于生油窗的早期阶段。

3. 化学性质方面

树皮煤的化学组成主要特征是四高，即氢含量高、H/C 原子比高、挥发分产率高和硫含量高。树皮煤的氢含量绝大部分都高于 5.0 %(无水无灰基)，H/C 原子比在 0.80 以上，挥发分产率绝大部分都大于 37%(无水无灰基)。而且，树皮煤的最高挥发分产率高于富含镜质组。全硫含量绝大部分大于 2.0% (无水无灰基)，其以有机硫占绝对优势[127, 188]。

树皮煤明显的化学结构特征之一是富含脂肪族，尤其是亚甲基官能团。从树皮煤分离得到的镜质体和树皮体，其化学结构中均以低环数的芳香层片为主，其中以萘、2×2 和 3×3 的芳香层片为主。相比于镜质体，树皮体的芳构化程度、芳环缩合程度比较弱，无序性特征明显。

4. 流动性方面

树皮煤具有极强的基氏流动性能。本书所用的样品中，除了个别煤样的最大流动度在 30000ddpm 以下或者等于 30000ddpm，大部分煤的最大流动度都大于 30000ddpm，甚至有的煤样最大流动度已经超过了 180000ddpm。尽管如此，这仍然不是煤样的最大流动度真实值，因为这两个煤样的最大流动度已经超过了所用仪器的测量范围。

5. 热解方面

树皮煤受热后热解比较剧烈。在加热速率为 10℃/min 情况下，煤样只有一个强烈热解失重区间，第一次明显的失重是在温度低于 150℃。在 380～500℃有一个狭窄而又尖的峰，反映出煤样的热反应很强烈。最大热解速率可以达到 1.11%/℃。随着加热速率的增大，树皮煤的 DTG 曲线整体向右侧偏移，DTG 的峰值相应的减小，峰宽增大，失重速率最大值所对应的温度升高。

热解-气相色谱/质谱的结果表明，树皮煤的热解产品由烷基苯、烷基苯酚、烷基萘、烷基菲以及一系列的烷烃和烯烃组成。热解-气相质谱/红外光谱的结果表明，树皮煤热解过程中会逸出很多气体，如氢气(H_2)、甲烷(CH_4)、水(H_2O)、二氧化碳(CO_2)和一氧化碳(CO)等。

9.2.2 利用途径探讨

表 9-1 列出了树皮煤的一些工艺特性。对于树皮煤如何利用的问题，过去已经进行了大量的研究[127, 188, 345]。结合过去的研究基础和本书的研究成果，为了更好地发挥树皮煤的价值，提出如下几个方面的利用建议。

表 9-1 树皮煤的一些工艺特性

Table 9-1 Some technological properties of bark coal

参考文献	样品	$G_{R.I.}$	Y/mm	奥里膨胀度/%	Tar，d/%	MF /ddpm
尹致奎[346]	桥头丘煤矿	n. r.	n. r.	n. r.	17.14	n. r.
颜跃进等[188]	B_3 煤层，鸣山煤矿	71～96	9～29.5	300～480	13.40～22.78	n. r.
	B_2 煤层，钟家山煤矿	86	22～23	n. r.	8.20～9.96	n. r.
	B 煤层，叶家源煤矿	n. r.	11～75	n. r.	n. r.	n. r.
Wang[149]	B_3 煤层，鸣山煤矿	n. r.	n. r.	n. r.	n. r.	＞180000

注：$G_{R.I.}$ 为黏结指数；Y 为胶质层最大厚度(maximum thickness of plastic layer)；Tar 为焦油产率(tar yield)；d 为干燥基(dry basis)；n. r. 为没有报道；MF 为基氏最大流动度(maximum fluidity)。

1. 低温碳化

商业上低温碳化的温度区间为 450～700℃。通过树皮煤的热解性质研究，已经表明树皮煤的热解开始于 330～340℃，一直持续到 500～520℃[149]。在此温度区间内，总热解失重率达到 85%～90%。其热解产物主要以 C_7～C_{30} 烷基化合物和来自苯和萘的烷基衍生物[166]。这表明树皮煤的低温碳化的液体产品经过处理后可以成为性能良好的柴油燃料(diesel fuel)或者航空用油燃料(jet fuel)。唯一问题是由于树皮煤中的硫，尤其是有机硫含量高，需要对硫的去向进行深入研究，例如，是进入液体产品中还是形成 H_2S 气体。同时，由于树皮煤具有特高的流动性，也含有高的氢含量，所以把树皮煤与石油蒸气(decant oil or a resid)一起焦化时，树皮煤产生的液体产品与来自石油的化合物一起反应后，可能会提高转化率或者产生高的焦化产品。此外，正因为树皮煤的特殊流动性，其本身的高温碳化效果不好，但是若与其他样品(尤其是惰性样品)混合在一起进行焦化，可能得到理想效果。

2. 直接液化

树皮煤推荐作为直接液化用煤原料，主要基于以下几个方面的考虑：① 从理论上，符合煤变成石油液体成品的条件。对于腐植型高挥发分烟煤，其氢含量为 5%～5.55% (无水无灰基)，H/C 原子比为 0.8 左右。对于石油产品，其氢含量为 13%左右，H/C 原子比在 1.8 左右。对于有些树皮煤，其氢含量可到 7.2%，H/C 原子比达到 1.3。因此，树皮煤能够提供足够多的氢，而不需要过多外部加氢。②树皮煤的热解产物中含有高的烷基产物和小分子的烷基化芳香烃[166]。因此，可以预测树皮煤液化的初步液体产品应该含有较多的烷基化合物。③关于树皮煤液化过程中有机硫的去向问题，由于 C—S 键比较弱，所以在直接液化过程中容易断裂。通过本书的研究，在430℃的温度条件下，树皮煤的液化转化率可达90%，而油产率可达60%。但是在本书中，没有探讨适宜的液化条件（压力、溶剂和催化剂等）。为进一步研究树皮煤或者特殊煤的液化性能，需要深入探讨其液化反应的条件。

3. 制氢

树皮煤含有如此高的氢含量，势必是一种氢来源的原料。在制氢的过程中，常涉及煤的气化问题。同时，树皮煤的特高流动性，对气化设备的要求很高。但是，随着科技的发展，应该讨论树皮煤或者富氢煤制氢的其他途径。

参考文献

[1] van Krevelen D W. Coal: Typology—Physics—Chemistry—Constitution. 3rd ed. Amsterdam: Elsevier, 1993: 173～191

[2] Stach E, Mackowsky M T, Teichmüeller M, et al. Stach's Textbook of Coal Petrology. 3rd ed. Berlin: Gebrüder Borntraeger, 1982: 37～482

[3] Schobert H H. The Chemistry of Hydrocarbon Fuels. London: Butterworths, 1990: 113～155

[4] Berkowitz N. The Chemistry of Coal. Amsterdam: Elsevier, 1985: 405～425

[5] Swain D J. Trace Elements in Coal. London: Butterworths, 1990: 8～178

[6] 任德贻,赵峰华,代世峰,等. 煤的微量元素地球化学. 北京:科学出版社, 2006: 40～335

[7] 唐修义,黄文辉. 中国煤中微量元素. 北京:商务印书馆, 2004

[8] Dai S F, Ren D Y, Tang Y G, et al. Concentration and distribution of elements in Late Permian coals from western Guizhou Province, China. International Journal of Coal Geology, 2005, 61: 119～137

[9] Dai S F, Zeng R S, Sun Y Z. Enrichment of arsenic, antimony, mercury, and thallium in a Late Permian anthracite from Xingren, Guizhou, Southwest China. International Journal of Coal Geology, 2006, 66: 217～226

[10] Dai S F, Ren D Y, Chou C L, et al. Mineralogy and geochemistry of the No. 6 Coal (Pennsylvanian) in the Junger Coalfield, Ordos Basin, China. International Journal of Coal Geology, 2006, 66: 253～270

[11] Dai S F, Wang X B, Chen W M, et al. A high-pyrite semianthracite of Late Permian age in the Songzao Coalfield, southwestern China: Mineralogical and geochemical relations with underlying mafic tuffs. International Journal of Coal Geology, 2010, 83: 430～445

[12] Dai S F, Zhou Y P, Zhang M Q, et al. A new type of Nb(Ta)-Zr(Hf)-REE-Ga polymetallic deposit in the Late Permian coal-bearing strata, eastern Yunnan, southwestern China: Possible economic significance and genetic implications. International Journal of Coal Geology, 2010, 83: 55～63

[13] Dai S F, Wang X B, Zhou Y P, et al. Chemical and mineralogical compositions of silicic, mafic, and alkali tonsteins in the Late Permian coals from the Songzao Coalfield, Chongqing, Southwest China. Chemical Geology, 2011, 282: 29～44

[14] Dai S F, Ren D Y, Chou C, et al. Geochemistry of trace elements in Chinese coals: A review of abundances, genetic types, impacts on human health, and industrial utilization. International Journal of Coal Geology, 2012, 94: 3～21

[15] Dai S F, Jiang Y F, Ward C R, et al. Mineralogical and geochemical compositions of the coal in the Guanbanwusu Mine, Inner Mongolia, China: Further evidence for the existence of an Al (Ga and REE) ore deposit in the Jungar Coalfield. International Journal of Coal

Geology, 2012, 98: 10～40

[16] Dai S F, Liu J J, Ward C R, et al. Mineralogical and geochemical compositions of Late Permian coals and host rocks from the Guxu Coalfield, Sichuan Province, China, with emphasis on enrichment of rare metals. International Journal of Coal Geology, 2016, 166: 71～95

[17] Dai S F, Graham I T, Ward C R. A review of anomalous rare earth elements and yttrium in coal. International Journal of Coal Geology, 2016, 159: 82～95

[18] Hower J C, Eble C R, Dai S F, et al. Distribution of rare earth elements in eastern Kentucky coals: Indicators of multiple modes of enrichment. International Journal of Coal Geology, 2016, 160～161: 73～81

[19] Stopes M C. On the petrology of banded bituminous coal. Fuel, 1935, 14: 4～13

[20] International Committee for Coal Petrology (ICCP). International Handbook of Coal Petrography. 2nd ed. Paris: CNRS, 1963

[21] Spackman W. The maceral concept and the study of modern environments as a means of understanding the nature of coal. Transactions of the New York Academy of Sciences, 1958, 20(5 Series Ⅱ): 411～423

[22] International Committee for Coal Petrology (ICCP). International Handbook of Coal petrography. supplement to 2nd ed. Paris: CNRS, 1971

[23] International Committee for Coal Petrology (ICCP). International Handbook of Coal petrography. supplement to 2nd ed. Paris: CNRS, 1975

[24] International Committee for Coal and Organic Petrology (ICCP). The new Vitrinite classification (ICCP system 1994). Fuel, 1998, 77: 349～358

[25] International Committee for Coal and Organic Petrology (ICCP). The new Inertinite classification (ICCP system 1994). Fuel, 2001, 80: 459～471

[26] Ward C R. Coal geology and coal technology. Melbourne: Blackwell Scientific Publications, 1984: 66～73

[27] 陈鹏. 中国煤炭性质、分类和利用. 2 版. 北京:化学工业出版社, 2006: 510～527

[28] 张双全. 煤化学. 徐州:中国矿业大学出版社, 2004

[29] 韩德馨,任德贻,王延斌,等. 中国煤岩学. 徐州: 中国矿业大学出版社, 1996: 125～135

[30] 曾勇. 中国西部地区特殊煤种及其综合开发与利用. 煤炭学报,2001, 26(4): 334～337

[31] 唐跃刚,王绍清,魏强,等. 特殊和稀缺煤资源划分方案. 北京:中国煤炭地质总局, 2014

[32] Vander Hart D L, Retcofsky H L. Estimation of coal aromaticities by proton-decoupled carbon-13 magnetic resonance spectra of whole coals. Fuel, 1976, 55: 202～204

[33] Zilm K W, Pugmire R J, Larter S R, et al. Carbon-13 CP/MAS spectroscopy of coal macerals. Fuel, 1981, 60: 717～722

[34] Painter P C, Kuehn D W, Starsinic M, et al. Characterization of Vitrinite concentrates. 2. Magic-angle ^{13}C nuclear magnetic resonance studies. Fuel, 1983, 62: 103～111

[35] Wilson M A, Pugmire R J, Karas J. Carbon distribution in coals and coal maceral by cross polarization magic angle spinning carbon-13 nuclear magnetic resonance spectrometry. Ana-

lytical Chemistry, 1984, 56: 933～943

[36] Yoshida T, Maekawa Y. Characterization of coal structure by CP/MAS carbon-13 NMR spectrometry. Fuel Processing Technology, 1987, 15: 385～395

[37] 叶朝辉, Wind R, Maciel G. 中国煤的核磁共振研究. 中国科学(A辑), 1988, 18(2): 163～172

[38] Solum M S, Pugmire R J, Grant D M. ^{13}C solid-state NMR of Argonne Premium coals. Energy Fuels, 1989, 3: 187～193

[39] 陈德玉, 胡建治, 叶朝辉. 中国煤的高分辨^{13}C-NMR研究. 中国科学(D辑), 1996, 6(6): 525～530

[40] Maroto-Valer M, Taulbee D N, Andrésen J M, et al. Quantitative ^{13}C NMR study of structural variations within the Vitrinite and Inertinite maceral groups for a semiFusinite-rich bituminous coal. Fuel, 1997, 77: 805～813

[41] 杨保联, 冯继文, 周建威, 等. 煤的固体高分辨核磁共振研究. 中国科学(A辑), 1998, 28 (11): 1009～1012

[42] Suggate R P, Dickinson W W. Carbon NMR of coals: The effect of coal type and rank. International Journal of Coal Geology, 2004, 57: 1～22

[43] Axelson D E. Solid State NMR of Fossil Fuels: An Experimental Approach. Montreal: Multiscience Publications Limited, 1985: 226

[44] Davidson R M. Nuclear magnetic resonance studies of coal. IEA Coal Research, 1986, 108

[45] Pines A, Gibby M G, Waugh J S. Proton enhanced NMR of dilute spins in solids. Journal of Chemical Physics, 1973, 59: 569～590

[46] Stejskal E Q, Schaefer J. Magic-angle spinning and polarization transfer in proton-enhanced NMR. Journal of Magnetic Resonance, 1977, 28: 105～112

[47] Hatcher P G, Faulon J L, Wenzel K A, et al. A structural model for lignin-derived Vitrinite from high volatile bituminous coal (coalified wood). Energy Fuels, 1992, 6: 813～820

[48] Hatcher P G. Chemical structural models for coalified wood (Vitrinite) in low rank coal. Organic Geochemistry, 1990, 16: 959～968

[49] Franco D V, Gelan J M, Martens H J, et al. Characterization by ^{13}C CP/MAS NMR Spectroscopy of the structural changes in coals after chemical treatments. Fuel, 1991, 70: 811～817

[50] Painter P C, Coleman M M, Jenkins R G, et al. Fourier transform infrared study of acid-demineralized coal. Fuel, 1978, 57: 125～126

[51] Painter P C, Coleman M M, Jenkins R G, et al. Fourier transform infrared study of mineral matter in coal: A novel method for quantitative mineralogical analysis. Fuel, 1978, 57: 337～344

[52] Solomon P R, Garangelo R M. FTIR analysis of coal. 1. Techniques and determination of hydroxyl concentrations. Fuel, 1982, 61: 663～669

[53] Kuehn D W, Davis A, Painter P C. Relationship between the organic structure of vitrinite

and selected parameters of coalification as indicated by Fourier transform infrared spectra//Winans R E, Crelling J C. Chemistry and Characterization of Coal Macerals. Washington D C: ACS Symposium Series, 1984, 252: 99～119

[54] Painter P C, Starsinic M, Coleman M M. Determination of functional groups in coal by Fourier transforms interferometry//Ferraro J R, Basile L J. Fourier Transform Infrared Spectroscopy. New York: Academic Press, 1985, 4: 169～241

[55] Iglesias M J, Jimenez A, Laggoun-Defarge F, et al. FTIR study of pure vitrains and associated coals. Energy Fuels, 1995, 9: 458～466

[56] Geng W H, Nakajima T, Takanashi H, et al. Analysis of carboxyl group in coal and coal aromaticity by Fourier transform infrared (FT-IR) spectrometry. Fuel, 2009, 88(1): 139～144

[57] Painter P C, Snyder R W, Starsinic M, et al. Concerning the application of FT-infrared to the study of coal: A critical assessment of band assignments and the application of spectral analysis programs. Applied Spectroscopy, 1981, 35: 475～485

[58] Rochdi A, Landais P. Transmission micro-infrared spectroscopy: An efficient tool for microsample characterization of coal. Fuel, 1991, 70: 367～371

[59] Mastalerz M, Marc Bustin R. Electron microprobe and micro-FTIR analyses applied to maceral chemistry. International Journal of Coal Geology, 1993, 24: 333～345

[60] Mastalerz M, Marc Bustin R. Variation in the chemistry of macerals in coals of the Mist Mountain Fromation, Elk Valley coalfield, British Columbia, Canada. International Journal of Coal Geology, 1997, 33: 43～59

[61] Guo Y T, Marc Bustin R. Micro-FTIR spectroscopy of Liptinite macerals in coal. International Journal of Coal Geology, 1998, 36: 259～275

[62] 刘大锰,杨起,汤达祯. 鄂尔多斯盆地煤显微组分的 micro-FTIR 研究. 地球化学, 1998, 23(1): 79～84

[63] 孙旭光,陈建平,郝多虎. 塔里木盆地煤显微组分显微傅里叶红外光谱特征及意义. 北京大学学报(自然科学版), 2001, 37(6): 832～838

[64] Guo Y T, Renton J J, Penn J H. FTIR microspectroscopy of particular Liptinite (Lopinite-) rich, Late Permian coals from Southern China. International Journal of Coal Geology, 1996, 29(123): 187～197

[65] Sun X G. The investigation of chemical structure of coal macerals via transmitted-light FT-IR microspectroscopy. Spectrochimica Acta Part A, 2005, 62(1～3): 557～564

[66] Senftle J T, Kuehn D, Davis A, et al. Characterization of vitrintie concentrates. 3. Correlation of FT-IR measuremnts to thermoplastic and liquefaction behaviour. Fuel, 1984, 63: 245～250

[67] 崔洪. 煤液化残渣的物化性质及其反应性研究. 山西: 中国科学院山西煤化所博士学位论文, 2001

[68] Burgess C E, Schobert H H. Relationship of coal characteristics determined by pyrolysis/gas chromatography/mass spectrometry and nuclear magnetic resonance to liquefaction re-

activity and product composition. Energy Fuels, 1998, 12: 1212～1222
[69] Iglesias M J, Del Rio J C, Laggoun-Defarge F, et al. Control of the chemical structure of perhydrous coals; FTIR and Py-GC/MS investigation. Journal of Analytical and Applied Pyrolysis, 2002, 62: 1～34
[70] Song C S, Hou L, Saini A K, et al. CPMAS ^{13}C NMR and pyrolysis-GC-MS studies of structure and liquefaction reactions of Montana subbituminous coal. Fuel Processing Technology, 1993, 34: 249～276
[71] Miller D J, Hawthorne S B. Pyrolysis GC/MS analysis of low-rank coal. Preprint paper-American Chemical Society Division of Fuel Chemistry, 1987, 32(4): 10～17
[72] Nip M, de Leeuw J W, Crelling J C. Chemical structure of bituminous coal and its constituting maceral fractions as revealed by flash pyrolysis. Energy Fuels, 1992, 6: 125～136
[73] Hartgers W A, Sinninghe Damsté J S, de Leeuw J W. Molecular characterization of flash pyrolysates of two carboniferous coals and their constituting maceral fractions. Energy Fuel, 1994, 8: 1055～1067
[74] Crelling J C, Kruge M A. Petrographic and chemical properties of carboniferous resinite from the Herrin No. 6 coal seam. International Journal of Coal Geology, 1998, 37: 55～71
[75] Watts S, Pollard A M. The organic geochemistry of Jet: Pyrolysis-gas chromatography/mass spectrometry (Py-GCMS) applied to identifying Jet and similar black lithic materials-preliminary results. Journal of Archaological Science, 1999, 26: 923～933
[76] Iglesias M J, Jimenez A, Del Rio J C, et al. Molecular characterization of Vitrinite in relation to natural hydrogen enrichment and depositional environment. Organic Geochemistry, 2000, 31: 1285～1299
[77] Larter S R. Application of analytical pyrolysis techniques to kerogen characterization and fossil fuel exploration/ exploitation//Voorhees K. Analytical Pyrolysis Method and Applications. London: Butterworths, 1984: 212～272
[78] Larter S R, Horsfield B. Determination of structural components of kerogens by the use of analytical pyrolysis methods//Engel M H, Macko S A. Organic Geochemistry. New York: Plenum Press, 1993: 271～288
[79] Larter S R, Senftle J. Improved kerogen typing for petroleum source rock analysis. Nature, 1985(6043), 318: 277～280
[80] 曲星武,王金城. 煤的X射线分析. 煤田地质与勘探, 1980, 8(2): 33～39
[81] 翁成敏,潘治贵. 峰峰煤田煤的X射线衍射分析. 地球科学, 1981, 1: 214～220
[82] Deurbergue A, Oberlin A, Oh J H, et al. Graphitization of Korean anthracites as studied bytransmission electron microscopy and X-ray diffraction. International Journal of Coal Geology, 1987, 8(4): 375～393
[83] 姜波,秦勇. 高煤级构造煤的XRD结构及其构造地质意义. 中国矿业大学学报, 1998, 27(2): 115～118
[84] 李小明,曹代勇,张守仁,等. 不同变质类型煤的XRD结构演化特征. 煤田地质与勘探,

2003, 31(3): 5～7

[85] Takagi H, Maruyama K, Yoshizawa N, et al. XRD analysis of carbon stacking structure in coal during heat treatment. Fuel, 2004, 83: 2427～2433

[86] Wang J H, Du J, Chang L P, et al. Study on the structure and pyrolysis characteristics of Chinese western coals. Fuel Processing Technology, 2010, 91: 430～433

[87] Malumbazo N, Wagner N J, Bunt J R, et al. Structural analysis of chars generated from South African Inertinite coals in a pipe-reactor combustion unit. Fuel Processing Technology, 2011, 92: 743～749

[88] Zubkova V, Czaplicka M. Changes in the structure of plasticized coals caused by extraction with dichloromethane. Fuel, 2012, 96: 298～305

[89] Everson R C, Okolo G N, Neomagus H W J P, et al. X-ray diffraction parameters and reaction rate modeling for gasification and combustion of chars derived from Inertinite-rich coals. Fuel, 2013, 109: 148～156

[90] Li M F, Zeng F G, Chang H Z, et al. Aggregate strucuture evolution of low-rank coals during pyrolysis by in-situ X-ray diffraction. International Journal of Coal Geology, 2013, 116-117(5): 262～269.

[91] Iwashita N, Inagaki M. Relations between structural parameters obtained by X-ray powder diffraction of various carbon materials. Carbon, 1993, 31(7): 1107～1113

[92] Lu L, Sahajwalla V, Kong C, et al. Quantitative X-ray diffraction analysis and its application to various coals. Carbon, 2001, 39: 1821～1823

[93] Quirico E, Rouzaud J N, Bonal L, et al. Maturation grade of coals as revealed by Raman spectroscopy: Progress and problems. Spectrochimica Acta Part A, 2005, 61: 2368～2377

[94] Potgieter-Vermaak S, Maledi N, Wagner N, et al. Raman spectroscopy for the analysis of coal: A review. Journal of Raman Spectroscopy, 2011, 42: 123～129

[95] Zerda T W, John A, Chmura K. Raman studies of coals. Fuel, 1981, 60(5): 375～378

[96] Guedes A, Valentim B, Prieto A C, et al. Micro-Raman spectroscopy of Collotelinite, Fusinite and Macrinite. International Journal of Coal Geology, 2010, 83: 415～422

[97] 段菁春,庄新国,何谋春. 不同变质程度煤的激光拉曼光谱特征. 地质科技情报, 2002, 21(2): 65～68

[98] Yoshizawa N, Yamada Y, Shiraishi M. TEM lattice images and their evaluation by image analysis for activated carbons with disordered microtexture. Journal of Matter Science, 1998, 33: 199～206

[99] Sharma A, Kyotani T, Tomita A. A new quantitative approach for microstructural analysis of coal char using HRTEM images. Fuel, 1999, 78: 1203～1212

[100] Sharma A, Kyotani T, Tomita A. Direct observation of raw coals in lattice fringe mode using high-resolution transmission electron microscopy. Energy Fuels, 2000, 14: 1219～1225

[101] Sharma A, Kyotani T, Tomita A. Quantitative evaluation of structural transformations in raw coals on heat-treatment using HRTEM technique. Fuel, 2001, 80: 1467～1473

[102] Yang J, Cheng S, Wang X, et al. Quantitative analysis of microstructure of carbon materials by HRTEM. Transactions of Nonferrous Metals Society of China, 2006, 16: 796～803

[103] Mathews J P, Ferdandez-Alos V, Jones D A, et al. Determining the molecular weight distribution of Pocahontas No. 3 low-volatile bituminous coal utilizing HRTEM and laser desorption ionization mass spectra data. Fuel, 2010, 89(7): 1461～1469

[104] Mathews J P, Sharam A. The structure alignment of coal and the analogous case of Argonne Upper Freeport coal. Fuel, 2012, 95: 19～24

[105] van Niekerk D, Mathews J P. Molecular representations of Permian-aged Vitrinite-rich and Inertinite-rich South African coals. Fuel, 2010, 89: 73～82

[106] Castro-Marcano F, Lobodin V V, Rodgers R P, et al. A molecular model for Illinois No. 6 Argonne Premium coal: Moving toward capturing the continuum structure. Fuel, 2012, 95: 35～49

[107] Binnig G, Quate C F, Gerber C. Atomic force microscope. Physical Review Letters, 1986, 56(9): 930

[108] Yumura M, Ohshima S, Kuriki Y, et al. Atomic force microscopy observations of coals. Proceeding International Conference of Coal Science, 1993, 1: 394～397

[109] Liu J X, Jiang X M, Huang X Y, et al. Morphological characterization of super fine pulverized coal particle. Part 2. AFM investigation of single coal particle. Fuel, 2010, 89(12): 3884～3891

[110] Pan J N, Zhu H T, Hou Q L, et al. Macromolecular and pore structures of Chinese tectonically deformed coals studied by atomic force microscopy. Fuel, 2015, 139: 94～101

[111] Lawrie G A, Gentle I R, Fong C, et al. Atomic force microscopic studies of Bowen Basin coal macerals. Fuel, 1997, 16:1519～1526

[112] Bruening F A, Cohen A D. Measuring surface properties and oxidation of coal macerals using the atomic force microscope. International Journal of Coal Geology, 2005, 63: 195～204

[113] Morga R. Changes of semi-Fusinite and Fusinite surface roughness during heat treatment determined by atomic force microscopy. International Journal of Coal Geology, 2011, 88: 218～226

[114] 焦堃,姚素平,张科,等. 树皮煤的原子力显微镜研究. 地质论评, 2012, 58(4): 775～782

[115] Wang S Q, Liu S M, Sun Y B, et al. Investigation of coal components of Late Permian different ranks bark coal using AFM and Micro-FTIR. Fuel, 2017, 187: 51～57

[116] 刘本培,全秋琦,冯庆来,等. 地史学教程. 北京: 地质出版社, 1996

[117] Scholle P A, Peryt T M, Ulmer-Scholle D S. The Permian of Northern Pangea 2. Sedimentary Basins and Economic Resources. Berlin: Springer-Verlag, 1995

[118] 李海立. 皖南龙潭组植物群的时代探讨. 安徽理工大学学报(自然科学版), 1983, (1): 36～42

[119] 冯少南. 华南二叠纪含煤地层与植物群的新认识. 中国地质科学院宜昌地质矿产研究所所刊，1985，10：47～58
[120] 郭英廷. 贵州西部晚二叠世含煤地层的植物古生态. 煤炭学报，1990，15(1)：48～49
[121] 田宝霖，王士俊. 中国煤核植物群//李星学. 中国地质时期植物群. 广州：广东科技出版社，1995
[122] 陈其奭. 中国南方龙潭植物群及乐平煤的沉积环境. 南方油气地质，1995，1(2)：28～33
[123] 玄承锦. 江西乐平鸣山煤矿 B3 煤层顶底板植物群的性质与对比. 中国煤田地质，1997，9(4)：20～22
[124] 王士俊，刘咸卫，宋丽君. 乐平煤的成煤植物及树皮体的起源. 煤炭学报，1998，23(3)：231～235
[125] Hsieh C Y. On Lopinite：A new type of coal in China. Bulletin of the Geological Society of China，1933，12(4)：469～490
[126] 韩德馨，任德贻，郭敏泰. 浙江长广煤田树皮残植煤的成因及其沉积环境. 沉积学报，1983，4：1～14
[127] 戴和武，陈祢生，刘恩庆，等. 乐平树皮煤的煤岩组成及其物理化学特性. 煤炭学报，1984，3：81～87
[128] 国家技术监督局. 煤岩术语. GB 12937—1991. 北京：中国标准出版社，1991
[129] 国家技术监督局. 煤岩术语. GB/T 12937—1995. 北京：中国标准出版社，1995
[130] 国家质量技术监督局. 烟煤显微组分分类. GB/T 15588—2001. 北京：中国标准出版社，2001
[131] 中华人民共和国国家质量监督检验检疫总局，中国国家标准化管理委员会. 煤岩术语. GB/T 12937—2008. 北京：中国标准出版社，2008
[132] 陈其奭，陈能贵. 中国南方晚二叠世乐平煤的成因及成煤物质. 海相油气地质，1996，1(2)：29～33
[133] 张爱云，翁成敏，蔡云开. 中国南方树皮煤的生油潜力. 地学前缘(中国地质大学，北京)，1999，6(增刊)：209～215
[134] 刘惠永，翁成敏，张爱云. 从显微煤岩学角度探讨六盘水地区龙潭煤系低煤级煤的生烃状况. 现代地质，1998，12(3)：406～411
[135] 阎峻峰，李广有. 乐平附近煤田地质及“乐平煤”. 地质学报，1958，38(3)：343～368
[136] 任德贻，高庆才，刘翔生，等. 江西乐平凹陷乐平组含煤建造煤岩煤质特征. 第三十二届学术年会论文选集，1963：124～128
[137] 骆善胜. 长广煤田 C 煤层海相成煤的初步认识. 煤炭学报，1980，3：26～33
[138] 马兴祥. 贵州水城晚二叠世主采煤层(C605，C409)的岩石学研究与古泥炭沼泽的演化. 徐州：中国矿业大学博士学位论文，1988.
[139] Zhong N N，Smyth M. Striking liptinitic bark remains peculiar to some Late Permian Chinese coals. International Journal of Coal Geology，1997，33：333～349
[140] 徐静，吴承国，苏永荣，等. 皖浙长广地区树皮体煤的煤质特征及成因. 安徽地质，1999，9(4)：295～300

[141] 吴俊. 中国南方龙潭煤系树皮煤岩石学特征及成烃性研究. 中国科学 B 辑，1992，22(1)：86～93

[142] Sun X G. The optical features and hydrocarbon-generating model of "Barkinite" from Late Permian coals in South China. International Journal of Coal Geology，2002，51(4)：251～261

[143] Sun Y Z. Petrologic and geochemical characteristics of "Barkinite" from the Dahe mine，Guizhou Province，China. International Journal of Coal Geology，2003，56(3～4)：269～276

[144] 周师庸. 应用煤岩学. 北京：冶金工业出版社，1985

[145] 曾荣树，赵杰辉，庄新国. 贵州六盘水地区水城矿区晚二叠世煤的煤质特征及其控制因素. 岩石学报，1998，14(4)：549～558

[146] Querol X，Alastuey A，Zhuang X，et al. Petrology，mineralogy and geochemistry of the Permian and Triassic coals in the Leping area，Jiangxi province，Southeast China. International Journal of Coal Geology，2001，48：23～45

[147] 赵存良，孙玉壮. 安徽省金山煤矿晚二叠世树皮煤的地球化学特征. 河北工程大学学报(自然科学版)，2007，24(4)：60～62

[148] Wang S Q，Mitchell G D，Tang Y G，et al. Direct liquefaction of selected Chinese and American coals. The 237th ACS National Meeting and Exposition，Salk Lake city，2009

[149] Wang S Q，Tang Y G，Schobert H H，et al. Liquefaction reactivity and ^{13}C-NMR of coals rich in Barkinite and semi-Fusinite. Journal of Fuel Chemistry and Technology，2010，38(2)：129～133

[150] Wang S Q，Tang Y G，Schobert H H，et al. A thermal behavior study of Chinese coals with high hydrogen content. International Journal of Coal Geology，2010，81：37～44

[151] 王绍清，唐跃刚，Schobert H H，等. 富含树皮体和半丝质体煤的液化反应性和^{13}C 核磁共振分析的研究. 燃料化学学报，2010，38(2)：129～133

[152] 张井，唐家祥，郑雪萍，等. 华南晚二叠世"树皮体"的煤岩特征及沉积环境. 中国矿业大学学报，1998，27(2)：176～180

[153] 郭亚楠，赵博，解锡超，等. 华南晚二叠世树皮煤的煤相特征及对比研究. 中国煤炭地质，2009，21(12)：19～23

[154] 陈德玉，刘德汉，叶朝辉. 富氢煤的固态高分辨^{13}C-NMR 谱初步研究及其与生烃的关系. 中国科学院地球化学研究所有机地球化学开放研究实验室研究年报，1988：164～173

[155] 吴俊，金奎励，汪昆华，等. 南方树皮煤红外光谱特征及成烃演化规律研究. 煤田地质与勘探，1990，5：29～36

[156] 秦匡宗，郭绍辉，黄第藩，等. 用^{13}C NMR 波谱技术研究烃源岩显微组分的化学结构与成烃潜力. 石油大学学报(自然科学版)，1995，19(4)：87～94

[157] 郭绍辉，李术元，秦匡宗. 用钌离子催化氧化法研究干酪根及其显微组分的化学结构. 石油大学学报(自然科学版)，2000，24(3)：54～57

[158] Sun X G，Wang G. A study of the kinetic parameters of individual macerals from Upper

Permian coasl in South China via open-system pyrolysis. International Journal of Coal Geology, 2000, 44: 293～303

[159] 孙旭光,王关玉,金奎励. 贵州水城晚二叠世树皮体成烃的演化特征. 北京大学学报(自然科学版), 2000, 36(2): 209～213

[160] 孙旭光,陈建平,王延斌. 煤岩显微组分热解气相色谱特征与化学结构剖析. 地质学报, 2003, 77(1): 135～143

[161] Sun X G. A study of chemical structure in "Barkinite" using time of flight secondary ion mass spectrometry. International Journal of Coal Geology, 2001, 47(1): 1～8

[162] 余海洋,孙旭光,焦宗福. 华南晚二叠世"树皮体"显微傅里叶红外光谱(micro-FTIR)特征及意义. 北京大学学报(自然科学版), 2004, 40(6): 879～885

[163] 余海洋,孙旭光. 江西乐平晚二叠世煤成烃机理红外光谱研究. 光谱学与光谱分析, 2007, 27(5): 858～862

[164] Wang S Q, Tang Y G, Schobert H H, et al. A study of chemical structure of Chinese coals with high hydrogen content. Advances in Organic Petrology and Organic Geochemistry, Gramado/Porto Alegre, 2009

[165] Wang S Q, Tang Y G, Schobert H H, et al. FTIR and ^{13}C NMR investigation of coal component of Late Permian coals from Southern China. Energy and Fuels, 2011, 25(12): 5672～5677

[166] Wang S Q, Tang Y G, Schobert H H, et al. Petrology and structural studies in liquefaction reactions of Late Permian coals from Southern China. Fuel, 2013, 107: 518～524

[167] Wang S Q, Tang Y G, Schobert H H, et al. FTIR and simultaneous TG/MS/FTIR study of Late Permian coals from Southern China. Journal of Analytical and Applied Pyrolysis, 2013, 100: 75～80

[168] Wang S Q, Tang Y G, Schobert H H, et al. Chemical compositional and structural characteristics of Late Permian bark coals from Southern China. Fuel, 2014, 126 (15): 116～121

[169] Wang S Q, Cheng H F, Jiang D, et al. Raman spectroscopy of coal component of Late Permian coals from Southern China. Spectrochimica Acta Part A: Molecular and Biomolecular Spectroscopy, 2014, 132(11):767～770

[170] 吴士清,张恕芳,乐淑贞. 浙江煤山龙潭煤系煤成油剖析. 石油与天然气地质, 1988, 9(2): 155～162

[171] 吴俊. 我国南方龙潭煤系镜亮煤、藻烛煤、树皮煤成烃规律研究. 中国煤田地质, 1993, 5(2): 23～27

[172] 沈金龙. 南方龙潭组树皮体在水介质条件下热压模拟试验. 南方油气地质, 1995, 1(2): 34～44

[173] 沈金龙. 上二叠统龙潭组树皮体在水介质条件下热压成烃模拟实验. 石油勘探与开发-地质勘探, 1998, 25(1): 15～20

[174] 鹿清华,王剑秋,秦匡宗. 长广煤木栓质体的热解特征及热解产物各组分生成动力学. 燃

料化学学报，1995，23(3)：236～241
[175] 孙旭光，秦胜飞，金奎励. 贵州水城地区晚二叠世含树皮煤成烃特性研究. 地球化学，1999，28(6)：605～611
[176] 刘惠永，张爱云，翁成敏. 贵州六盘水地区龙潭煤系煤岩富氢显微组分的生烃潜力与生烃贡献. 石油实验地质，1999，21(1)：66～70
[177] 孙旭光，秦胜飞，罗健，等. 煤岩显微组分的活化能研究. 地球化学，2001，30(6)：599～604
[178] 周松源，徐克定，杨斌，等. 乐平煤系树皮煤生油研究. 天然气工业，2005，(9)：10～13
[179] 周松源，徐克定，杨斌，等. 南鄱阳坳陷龙潭组树皮煤生烃潜力及油气成藏. 石油与天然气地质，2006，27(1)：17～22
[180] 王真奉，焦伟伟，林明月. 树皮体的开放热解特征. 河北工程大学学报(自然科学版)，2007，24(2)：78～80
[181] Wang S Q，Tang Y G，Schobert H H，et al. The thermogravimetric analysis of Chinese coals with high hydrogen content. The 25th Annual International Pittsburgh Coal Conference，Pittsburgh，2008
[182] Wang S Q，Tang Y G，Schobert H H，et al. The thermoplastic properties study of Chinese coals with high hydrogen content. International Conference on Coal Science and Technology (ICCS&T)，Cape Town，2009
[183] Wang S Q，Tang Y G，Schobert H H，et al. The liquefaction behavior of Chinese coals with high hydrogen content. International Conference on Coal Science and Technology (ICCS&T)，State College，2013
[184] Wang S Q，Tang Y G，Schobert H H，et al. Application and thermal properties of hydrogen-rich bark coal. Fuel，2015，162：121～127
[185] 金瞰昆. 树皮煤研究的现状与未来. 河北建筑科技学院学报，2002，19(1)：63～66
[186] Sun Y Z，Püttmann W，Kalkreuth W，et al. Petrologic and geochemical characteristics of seam 9-3 and seam 2，Xingtai coalfield，Northern China. International Journal of Coal Geology，2002，49：251～262
[187] Sun Y Z，Horsfield B. Comparison of the geochemical characteristics of "Barkinite" and other macerals from the Dahe mine，South China. Energy Exploration and Exploitation，2005，23(6)：475～494
[188] 颜跃进，等. 江西乐平煤的组成、性质及合理利用途径探讨. 鹰潭：江西省煤田地质局二二三地质队，1994
[189] 郭亚楠. 树皮煤中树皮体和镜质组化学结构研究. 北京：中国矿业大学博士学位论文，2013
[190] 苏育飞. 树皮煤的化学结构及其液化性能研究. 北京：中国矿业大学硕士学位论文，2011
[191] 杨硕鹏. 特殊显微组分的煤岩学与加氢液化的关系. 北京：中国矿业大学硕士学位论文，2011
[192] 廖凤蓉. 神东煤、乐平煤和长广煤的液化性能研究. 北京：中国矿业大学硕士学位论

文，2009
[193] 姜迪. 树皮体的化学结构特征研究. 北京：中国矿业大学硕士学位论文，2015
[194] Dyrkace G R，Philip Horwitz E. Separation of coal macerals. Fuel，1982，61：3～12
[195] Dyrkace G R，Bloomquist C A A，Ruscis L. High-resolution density variations of coal macerals. Fuel，1984，63：1367～1373
[196] Taylor G H，Teichmüller M，Davis C，et al. Organic Petrology. Berlin：Gebrüder Borntraeger，1998：371～391
[197] Casagrande D J. Sulfur in peat and coal //Scott A C. Coal and Coal-bearing Strata：Recent Advances. London：Geological Society of London Special Publications，1987，32：87～105
[198] 袁三畏. 中国煤质论评. 北京：煤炭工业出版社，1999
[199] 王绍清. 富含树皮体煤和富含半丝质体煤的岩石学与液化特性研究. 北京：中国矿业大学博士学位论文，2010
[200] Vorres K S. The Argonne premium coal sample program. Energy and Fuels，1990，4：420～426
[201] 史美仁. 中国科学院煤炭研究所报告集，1962 21 号.
[202] Khorasani G K，Michelsen J K. Geological and laboratory evidence for early generation of large amounts of liquid hydrocarbons from suberinite and subereous components. Organic Geochemistry，1991，17：849～863
[203] 杨永宽，史仲武，邹韧，等. 中国煤岩学图鉴. 徐州：中国矿业大学出版社，1996
[204] Tissot B P，Welte D H，Petroleum Formation and Occurrence. 2nd ed. Berlin：Springer-Verlag，1984
[205] Mukhopadhyay P K，Wade J A，Kruge M A. Organic facies and maturation of Jurassic/Cretaceous rocks，and possible oil-source rock correlation based on pyrolysis of asphaltenes，Scotian Basin. Canada Organic Geochemistry，1995，22，85～104
[206] Langford F F，Blanc-Valleron M M. Interpreting rock-eval pyrolysis data using graphs of pyrolyzable hydrocarbons vs. total organic carbon. The American Association of Petroleum Geologists Bulletin，1990，74：799～804
[207] Peters K E，Moldowan J M. The Biomarker Guide：Interpreting Molecular Fossils in Petroleum and Ancient Sediments. Englewood Cliffs：Prentice-Hall，1993
[208] Powell T G，Boreham C J. Terrestrially sourced oils：Where do they exist and what are our limits of knowledge a geochemical perspective//Scott A C，Fleet A J. Coal and Coal-bearing Strata as Oil-prone Source Rocks. London：Geological Society of London Special Publication，1994，77：11～29
[209] Didky B M，Simoneit B R T，Brassell S C，et al. Organic geochemical indicators of palaeoenvironmental conditions of sedimentation. Nature，1978，272：216～222
[210] Rinna J，Rullkötter J，Stein R. Hydrocarbons as indicators for provenance and thermal history of organic matter in Late Cenozoic sediments from Hole 909C. Fram Strait. Pro-

ceedings of the Ocean Drilling Program, Scientific Results, 1996, 151: 407～414
[211] Moldowan J M, Sundararaman P, Schoell M. Sensitivity of biomarker properties to depositional environment and/or source input in the Lower Toarcian of S. W. Germany. Organic Geochemistry, 1985, 10: 915～926
[212] Connan J. Molecular geochemistry in oil exploration//Bordenave M L. Applied Petroleum Geochemistry. Paris: Editions Technip, 1993. 175～204
[213] Peters K E, Walters C C, Moldowan J M. The Biomarker Guide. Vol. 2: Biomarkers and Isotopes in Petroleum Exploration and Earth History. 2nd ed. Cambridge: Cambridge University Press, 2005
[214] Hunt J M. Petroleum Geochemistry and Geology. New York: W. H. Freeman and Company, 1995
[215] Huang W Y, Meinschein W G. Sterols as ecological indicators. Geochimicaet Cosmochimica Acta, 1979, 43: 739～745
[216] Philp P R. Geochemical characteristics of oils derived predominantly from terrigenous source materials//Scott A C, Fleet A J. Coal and Coal-bearing Strata as Oil-prone Source Rocks. London: Geological Society of London Special Publication, 1994, 77: 71～91
[217] Given P H. An essay on the organic geochemistry of coal//Gorbaty M L, Larsen J W, Wender I. Coal Science volume 3. Orlando: Academic Press, 1984: 63～252
[218] Schobert H H. Structure and properties of coal. Unpublished course notes. The Pennsylvania State University, 1992
[219] 谢克昌. 煤的结构与反应性. 北京：科学出版社，2002
[220] Solomon P R, Hamblen D G, Garangelo R M. Application of Fourier transform IR spectroscopy in fuel science// Fuller Jr E L. Coal and Coal Products: Analytical Characterization Techniques. Washington D C: ACS Symposium Series No. 205. American Chemical Society, 1982: 77～131
[221] Retcofsky H L, Vander Hart D L. ^{13}C-^{1}H cross-polarization nuclear magnetic resonance spectra of macerals from coal. Fuel, 1978, 57: 421～423
[222] Axelson D E. Solid state carbon-13 nuclear magnetic resonance of Canadian coals. Fuel Processing Technology, 1987, 16: 257～278
[223] Kidena K, Matsumoto K, Katsuyama M, et al. Development of aromatic ring size in bituminous coals during heat treatment in the plastic temperature rang, Fuel Processing Technology, 2004, 85: 827～835
[224] Nemanich R J, Solin S A. First- and second- order Raman scattering from finite-size crystals of graphite. Physical Review B, 1979, 20: 392～401
[225] Wang T M, Wang W J, Chen B L, et al. Electrical and optical properties and structural change of diamondlike carbon films during thermal annealing. Physical Review B, 1994, 50: 5587～5589
[226] Dun W, Guijian L, Ruoyu S, et al. Influences of magmatic intrusion on the macromolecu-

lar and pore structures of coal: Evidences from Raman spectroscopy and atomic force microscopy. Fuel, 2014, 119: 191～201

[227] 姚素平，焦堃，张科，等. 煤纳米孔隙结构的原子力显微镜研究. 科学通报，2011，56(22): 1820～1827

[228] Ergun S, Tiensuu V H. Interpretation of the intensities of X-rays scattered by coals. Fuel, 1959, 38(1): 64～78

[229] Lin Q, Guet J M. Characterization of coals and macerais by X-ray diffraction. Fuel, 1990, 69(7): 821～825

[230] Budinova T, Peyrov N, Minkova V. Computer programmes for radial distribution analyses of X-rays. Fuel, 1998, 77(6): 577～581

[231] Schoening F R L. X-ray structure of some South African coals before and after heat treatment at 500 and 1000℃. Fuel, 1983, 62(11): 1315～1320

[232] Wanzl W. Chemical reactions in thermal decomposition of coal. Fuel Processing Technology, 1988, 20: 317～336

[233] Stock L M. Coal pyrolysis. Accounts of Chemical Research, 1989, 22(12): 427～433

[234] Solomon P R, Fletcher T H, Pugmire R J. Progress in coal pyrolysis. Fuel, 1993, 72(5): 587～597

[235] Kok M V. Coal pyrolysis: Thermogravimetric study and kinetic analysis. Energy Sources, 2003, 25: 1007～1014

[236] Saikia B K, Boruah R K, Gogoi P K, et al. A thermal investigation on coals from Assam (India). Fuel Processing Technology, 2009, 90: 196～203

[237] Ghetti P. DTG combustion behaviour of coal: Correlations with proximate and ultimate analysis data. Fuel, 1986, 65: 636～639

[238] Özbas K E. Effect of heating rate on thermal properties and kinetics of raw and cleaned coal samples. Energy Sources, 2003, 25: 33～42

[239] Kizgut S, Yilmaz S. Characterization and non-isothermal decomposition kinetics of some Turkish bituminous coals by thermal analysis. Fuel Processing Technology, 2003, 85: 103～111

[240] Zhu W K, Song W L, Lin W G. Effect of the coal particle size on pyrolysis and char reactivity for two types of coal and demineralized coal. Energy Fuels, 2008, 22: 2482～2487

[241] Tasi C Y. An experimental investigation of the initial stages of pulverized coal combustion. University Park: The Pennsylvania State University, 1985.

[242] Strugnell B, Patrick J W. Rapid hydropyrolysis studies on coal maceral concentrate. Fuel, 1996, 75(3): 300～306

[243] Cai H Y, Megaritis A, Messenböck R, et al. Pyrolysis of coal maceral concentrates under pf-combustion conditions (I): Changes in volatile release and char combustibility as a function of rank. Fuel, 1998, 777(12): 1273～1282

[244] Arenillas A, Rubiera F, Piss J J, et al. Thermal behaviour during the pyrolysis of low

rank perhydrous coals. Journal of Analytical and Applied Pyrolysis, 2003, 68～69: 371～385

[245] Arenillas A, Rubiera F, Piss J J. Simultaneous thermogravimetric-mass spectrometric study on the pyrolysis behaviour of different rank coals. Journal of Analytical and Applied Pyrolysis, 1999, 50: 31～46

[246] Chen H, Li B, Zhang B. Effects of mineral matter on products and sulfur distributions in hydropyrolysis. Fuel, 1999, 78: 713～719

[247] Hodek W, Kirschstein J, van Heek K H. Reactions of oxygen containing structures in coal pyrolysis. Fuel, 1991, 70: 424～428

[248] van Heek K H, Hodek W. Structure and pyrolysis behavior of different coals and relevant model substances. Fuel, 1994, 73: 886～896

[249] Chermin A G, van Krevelen D W. Chemical structure and properties of coal XVII—A mathematical model of coal pyrolysis. Fuel, 1957, 36: 85～104

[250] Solomon P R, Best P E, Yu Z Z, et al. An empirical model for coal fluidity based on a macromolecular network pyrolysis model. Energy Fuels, 1992, 6: 143～154

[251] Ouchi K, Itoh H, Itoh S, et al. Pyridine extractable material from bituminous coal, its donor properties and its effect on plastic properties. Fuel, 1989, 68(6): 735～740

[252] Habermehl D, Orywal F, Beyer H D. Plastic properties of coal//Elliot M A. Chemistry of coal utilization. USA: Second Supplementary Vol., Wiley-interscience, 1981: 317～368

[253] Lloyd W G, Reasonor J W, Hower J C, et al. Estimates of fluid properties of high volatile bituminous coals. Fuel, 1990, 69: 1257～1270

[254] Marzec A, Czajkowska S, Moszyński J. Mass spectrometric and chemometric studies of thermoplastic properties of coals. 1. Chemometry of conventional, solvent swelling, and extraction data of coals. Energy Fuels, 1992, 6: 97～103

[255] Kidena K, Murata S, Nomura M. Investigation on Coal plasticity: Correlation of the plasticity and a TGA-derived parameter. Energy Fuels, 1998, 12: 782～787

[256] Barriocanal C, Díez M A, Alvarez R, et al. On the relationship between coal plasticity and thermogravimetric analysis. Journal of Analytical and Applied Pyrolysis, 2003, 67: 23～40

[257] Lynch L J, Webster D S, Sakurovs R, et al. The molecular basis of coal thermoplasticity. Fuel, 1988, 67: 579～583

[258] Nomura S, Thomas K M. Fundamental aspects of coal structural changes in the thermoplastic phase. Fuel, 1998, 77: 829～836

[259] Kidena K, Katsuyama M, Murata S, et al. Study on plasticity of maceral concentrates in terms of their structural features, Energy Fuels, 2002, 16: 1231～1238

[260] Díaz M C, Edecki L, Steel K M, et al. Determination of the effects caused by different polymers on coal fluidity during carbonization using high temperature ^{1}H NMR and rheometry. Energy Fuels, 2008, 22: 471～479

[261] Sakurovs R. Some factors controlling the thermoplastic behaviour of coals. Fuel, 2000,

79：379～389

[262] Loison R，Peytaug A，Boyer A F，et al. The plastic properties of coal//Lowry H H. Chemistry of coal untilization (Suppl. Vol.). New York：John Wiley& Sons Inc，1963：150～201

[263] Maroto-Valer M M，Taulbee D N，Andrésen J M，et al. The role of semifusinite in plasticity development for a coking coal. Energy Fuels，1998，12：1040～1046

[264] van Krevelen D W，Dormans H N M，et al. Chemical structure and physical properties of coal，XXII-behavior of individual macerals and blends in the Audibert-Arnu dilatometer. Fuel，1959，38：165～182

[265] Senftle J T. Relationships between coal constitution，thermoplastic properties and liquefaction behavior of coals and Vitrinite concentrates from the Lower Kittanning seam. University Park：The Pennsylvania State University，1981.

[266] Stansberry P G，Lin R，Terrer M T，et al. Influence of solvent-free catalytic hydrogenation on the thermoplastic behavior of coals. Energy Fuels，1987，1：89～93

[267] Sakurovs R，Lynch L J，Patrick Maher T，et al. Molecular mobility during pyrolysis of Australian bituminous coals. Energy Fuels，1987，1：169～172

[268] Yarzab R F，Given P H，Spackman W，et al. Dependence of coal liquefaction behavior on coal characteristics. 4. Cluster analysis for characteristics of 104 coals. Fuel，1980，59：81～92

[269] Hower J C，Lloyd W G. Petrographic observations of Gieseler semi-cokes from high volatile bituminous coals. Fuel，1999，78：445～451

[270] Speight. The Chemistry and Technology of Coal. 2nd ed. New York：Marcel Dekker Inc，1994：433～467

[271] Berthelot P E M. Method for hydrogenation of organic solids. Annales de Chimie et de Physique，1870，20：526

[272] Bergius F，Billwiller J. Process for preparing liquid and soluble organic compounds from Bituminous coal：German，310，231. 1919

[273] Tsai S C. Fundamentals of Coal Benefication and Utilization. Amsterdam：Elsevier Scientific Publishing Company，1982

[274] Lytle J M，Hsieth B C B，Anderson L L，et al. A survey of methods of coal hydrogenation for the production of liquids. Fuel Processing Technology，1979，2：235-251

[275] Gorin E. Fundamentals of coal liquefaction//Elliott M A. Chemistry of coal utilization (second supplementary volume). New York：John Wiley& Sons Inc，1981：1845～1918

[276] Mills G A. Conversion of coal to gasoline. Industrial Engineering Chemistry，1969，61(7)：6～17

[277] Whitehurst D D，Mitchell T O，Farcasiu M. Coal liquefaction：The chemistry and technology of thermal processes. New York，1980：123～177

[278] Neavel R C. Liquefaction of coal in hydrogen-donor and non-donor vehicles. Fuel，1976，

55：237～242

[279] Graham J L，Skinner D G. The action of hydrogen on coal. Journal of the Society of Chemical Industry. 1929，48：129～136

[280] Fisher C H，Eisner A，O'Donnell H J，et al. Hydrogenation and liquefaction of coal. Part 2. Effect of petrographic composition and rank of coal. Bureau Technology Progress Report，1942，642：1～162

[281] Given P H，Cronauer D C，Spackman W，et al. Dependence of coal liquefaction behavior on coal characteristics 1. Vitrinite-rich samples. Fuel，1975，54：34～39

[282] Given P H，Cronauer D C，Spackman W，et al. Dependence of coal liquefaction behavior on coal characteristics 2. Role of petrographic composition. Fuel，1975，54：40～49

[283] Davis A，Spackman W，Given P H. The influence of the properties of coals on their conversion into clean fuels. Energy Sources，1976，3：55～81

[284] Parkash S，Lali K，Holuszko A，et al. Contribution of Vitrinite macerals to the liquefaction of subbituminous coals. Fuel Processing Technology，1984，9：139～148

[285] King H H，Dyrkacz G R，Winans R E. Tetralin dissolution of macerals separated from a single coal. Fuel，1984. 63(3)：341～345

[286] Snape C E. Characterisation of organic coal structure for liquefaction. Fuel Processing Technology，1987，15：257～279

[287] Trewhella M J，Grint A. The role of sulphur in coal hydroliquefaction. Fuel，1987，66：1315～1320

[288] 戴和武，马治邦. 适合直接液化的烟煤特性研究. 煤炭学报，1988，(2)：80～87

[289] 唐跃刚，王洁. 论褐煤煤岩学与加氢液化的关系. 中国矿业大学学报，1990，19(2)：80～86

[290] Cebolla V L，Martínez M T，Miranda J L，et al. Effects of petrographic composition and sulphur in liquefaction of Spanish lignites. Fuel，1992，71：81～85

[291] Hower J C，Keogh R A，Taulbee D N，et al. Petrography of liquefaction residues：Semi-fusinite concentrates from a Peach Orchard coal lithotype，Magoffin County，Kentucky. Organic Geochemistry，1993，20(2)：167～176

[292] 王生维，李思田. 抚顺长焰煤的液化性能研究. 煤炭转化，1996，19(4)：79～84

[293] 凌开成，邹纲明. 兖州烟煤与石油渣油共处理的研究. 煤炭转化，1997，20(2)：62～66

[294] 朱晓苏. 中国煤炭直接液化优选煤种的研究. 煤化工，1997，3：32～39

[295] 李文华. 东胜——神府煤的煤质特征与转化特征(兼论中国动力煤的岩相特征). 北京：煤炭科学研究总院，2001：79～100

[296] 陈洪博，李文华，白向飞，等. 煤液化性能的煤岩学研究现状. 煤炭转化，2005，28(增刊)：5～8

[297] 叶道敏. 霍林河褐煤显微组分加氢液化性状的研究. 煤田地质与勘探，2005，33(6)：1～5

[298] Marco I，Chomon M J，Legarreta J A，et al. Relationship between liquefaction yields and characteristics of different rank coals. Fuel Processing Technology，1990，24：127～133

[299] Donath E E. Hydrogenation of Coal and Tar//Lowry H H. Chemistry of Coal Utilization. New York: John Wiley & Sons, 1963: 1041～1080
[300] Heng S, Shibaoka M. Hydrogenation of the Inertinite macerals of Bayswater coal. Fuel, 1983, 62: 610～612
[301] Kalkreuth W, Charnet G. Liquefaction characteristics of selected Vitrinite and Liptinite-rich coals form British Columbia, Canada. Fuel Processing Technology, 1984, 9(1): 53～65
[302] Parkash S, Lali K, Holuszko A, et al. Separation of macerals from sub-bituminous coals and their response to liquefaction. Liquid Fuel Technology, 1985, 3(3): 345～375
[303] 庄新国. 煤的液化性能与煤质关系研究进展. 地质科技情报, 1988, 7(2): 87～92
[304] 王昌贤. 泼因脱华尔煤的液化性能研究. 重庆大学学报(自然科学版), 1997, 20(3): 43～47
[305] 陈洪博,郭治. 神东煤不同显微组分加氢液化性能及转化规律. 煤炭转化, 2006, 29(4): 9～12
[306] 夏筱红,秦勇,凌开成,等. 煤中显微组分液化反应性研究进展. 煤炭转化, 2007, 30(1): 73～77
[307] Fisher C H, Sprunk G C, Eisner A, et al. Hydrogenation of the banded constituents of coal-attrital matter and anthraxylon. Journal of Industrial Engineering Chemistry, 1939, 31: 190
[308] Given P H, Cronauer D C, Spackman W, et al. Dependence of coal liquefaction behavior on coal characteristics. United States Department of the Interior, interim report14-01-0001-390, 1974: 37
[309] Garr G T, Lytle J M, Wood R E. The effect of coal characteristics on the catalytic liquefaction of Utah coals. Fuel Processing Technology, 1979, 2: 179～188
[310] Gray D, Barrass G, Jezko J, et al. Relations between hydroliquefaction behaviour and the organic properties of a variety of South African coals. Fuel, 1980, 59: 146～150
[311] Steller M. Hydrogenation behaviour of coal maceral association. International Journal of Coal Geology, 1987, 9: 109～127
[312] 唐跃刚. 云南省可保等地褐煤煤岩特征及其与液化的关系. 北京: 中国矿业大学硕士学位论文, 1986.
[313] Steller M. The influence of maceral intergrowth on the hydrogenation of coal//Moulijn J A, et al. International Conference on Coal Science. Amsterdam: Elsevier Science Publishers, 1987: 115～118
[314] Brodzki D, Akar A A, Mariadasso G D, et al. Liquefaction of coal and maceral concentrates in a stirred micro-autoclave and flowing-solvent reactor. Fuel, 1994, 73(8): 1331～1337
[315] Gray D. Inherent mineral matter in coal and its effect upon hydrogenation. Fuel, 1978, 57: 213～216
[316] 黄慕杰. 某些天然矿物质对煤液化催化加氢活性的研究. 洁净煤技术, 1997, 3(4): 26～30

[317] Öner M, Bolat E, Dincer S. Effect of lignite properties on the hydrogenation behaviour of representative Turkish lignite. Energy Sources, 1992, 14: 81～94

[318] Öner M, Bolat E, Yalin G, et al. Effect of lignite properties and ash constituents on the liquefaction behaviour of the Turkish lignites. American Chemical Society Division Fuel Chemistry, 1993, 38(3): 795～801

[319] Öner M, Öner G, Bolat E, et al. Effect of ash and ash constituents on the liquefaction yield of the Turkish lignites and asphaltites. Fuel, 1994, 73(10): 1658～1666

[320] Wright C H, Severson D E. Experimental evidence for catalyst activity of coal minerals. American Chemical Society, Division of Fuel Chemistry, Preprints, 1972, 16: 68

[321] Wakeley L D, David A, Jenkins R G, et al. The nature of solids accumulated during solvent refining of coal. Fuel, 1979, 58: 379～385

[322] Thomas M G, Padrick T D, Stohl F V, et al. Decomposition of pyrite under coal liquefaction conditions: A kinetic study. Fuel, 1982, 61: 761～764

[323] Mukherjee D K, Chowdhury P B. Catalytic effect of mineral matter constituents in a North Assam coal on hydrogenation. Fuel, 1976, 55: 4～8

[324] Tarrer A R, Guin J A, Pitts W S, et al. Effect of Coal Minerals on Reaction Rates During Coal Liquefaction//Ellington R T. Liquid Fuels from Coal. New York: Academic Press, 1977: 45～61

[325] Granoff B, Thomas M G. Mineral matter effects in coal liquefaction 1. Autoclave screening study. American Chemical Society, Division of Fuel, Preprints, 1977, 22: 183～193

[326] Rottendorf H, Wilson M A. Effect of in-situ mineral matter and a nickel-molybdenum catalyst on hydrogenation of Liddell coal. Fuel, 1980, 59: 175～180

[327] Walker P L, Spackman W, Given P H, et al. Characterization of mineral matter in coals and coal liquefaction residues: Electric power research institute, Annual report, EPRI AF-832, Contract No. EF-77-A-01-2893, 1977: 196

[328] Bockrath B C. Chemsitry of Hydrogen Donor Solvents//Gorbaty M L, Larsen J W, Wender I. New York: Coal Science, Academic Press, 1983: 65～124

[329] 薛永兵,凌开成,邹纲明. 煤直接液化中溶剂的作用和种类. 煤炭转化, 1999, 22(4): 1～4

[330] 朱继升,张立安,杨建丽,等. 煤直接液化催化剂的研究进展. 煤炭转化, 2000, 23(3): 13～18

[331] Derbyshire F J. Catalysis in Coal Liquefaction. London: IEA Coal Research, 1988

[332] 舒歌平,史士东,李克健. 煤炭液化技术. 北京: 煤炭工业出版社, 2003: 104～105

[333] Shibaoka M. Behaviour of Vitrinite macerals in some organic solvents in the autoclave. Fuel, 1981, 60: 240～246

[334] Shibaoka M. Changes in Vitroplast derived from a high volatile bituminous coal during tetralin treatment. Fuel, 1981, 60(10): 945～950

[335] Mitchell G D. A petrographic classification of solid residues for the evaluation of coal performance during the hydrogenation of bituminous coals. University Park: The Pennsylva-

nia State University, 1977
[336] Mitchell G D, Davis A, Spackman W. A petrographic classification of solid residues derived from the hydrogenation of bituminous coal//Ellington R T. Liquid Fuels from Coal. New York: Academic, 1977: 255～270
[337] Yoshida T, Sasaki M, Ikeda K, et al. Prediction of coal liquefaction reactivity by solid state ^{13}C NMR spectral data. Fuel, 2002, 81: 1533～1539
[338] Fatemi-Badi S M, Swanson A J, Sethi N K, et al. Characterization of martin lake lignite and its residue after liquefaction. American Chemical Society Division Fuel Chemistry, 1991, 36(2): 470～480
[339] Saini A K, Song C S, Schobert H H, et al. Characterization of coal structure and low-temperature liquefaction reactions by pyrolysis-GC-MS in combination with solid-state NMR and FTIR. American Chemical Society Division Fuel Chemistry, 1992, 37(3): 1235～1242
[340] Shibaoka M. Micrinite and exudatinite in some Australian coals and their relation to the generation of petroleum. Fuel, 1978, 57: 73～78
[341] Parkash S, Carson D, Ignasiak B. Petrographic composition and liquefaction behaviour of North Dakota and Texas lignites. Fuel, 1983, 62: 627～631
[342] Parkash S, du Plessis M P, Cameron A R, et al. Petrography of low rank coals with reference to liquefaction potential. International Journal of Coal Geology, 1984, 4: 209～234
[343] Ng N. Optical microscopy of carbonaceous solid residues from coal hydrogenation: A classification. Journal of Microscopy, 1983, 132: 3
[344] Shibaoka M, Heng S, Okada K. Response of inertinites from some Australian coals to non-catalytic hydrogenation in tetralin. Fuel, 1985, 64: 600～605
[345] 袁庆春,张秋民,胡浩权,等. 乐平煤超临界萃取研究. 燃料化学学报, 1990, 18: 309～315
[346] 尹致奎. 乐平煤低温干馏及焦油利用的试验. 石油炼制与化工, 1958: 13～17

图　　版

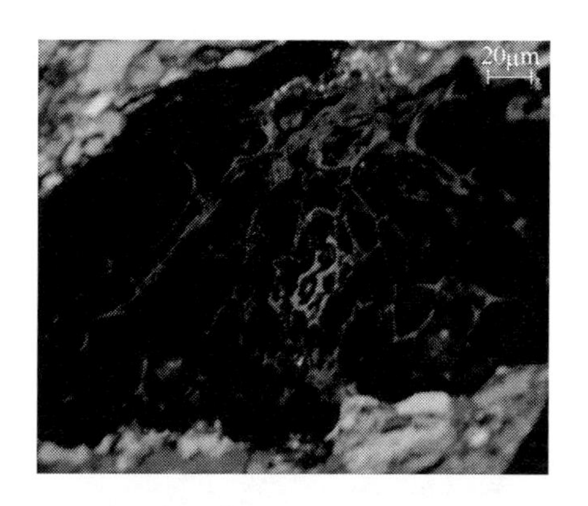

图 1　树皮体，油浸，反射光，CG-1

图 2　树皮体，凝胶碎屑体，油浸，反射光，CG-1

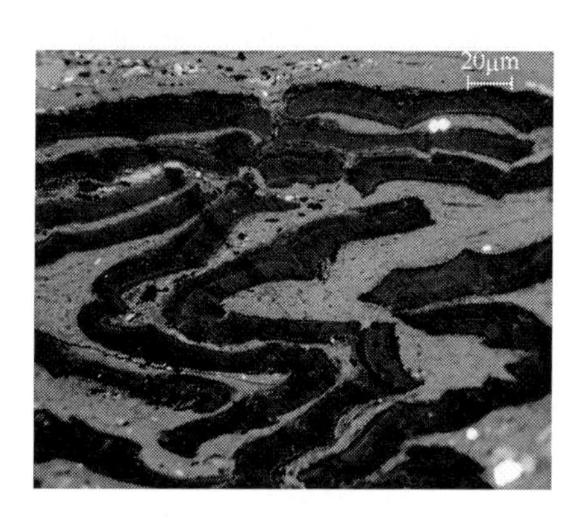

图 3　树皮体，油浸，反射光，LP-2

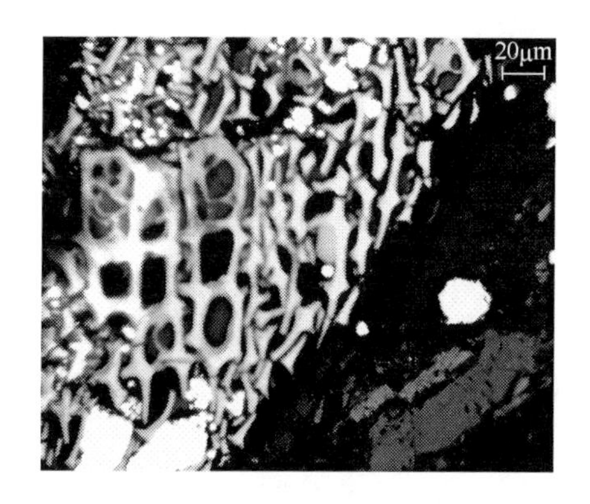

图 4　丝质体，黄铁矿，油浸，反射光，CG-3

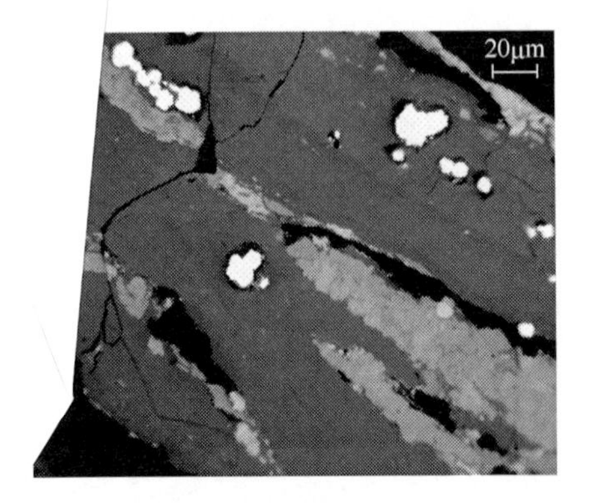

图 5　黄铁矿，凝胶结构镜质体，油浸，反射光，LP-6

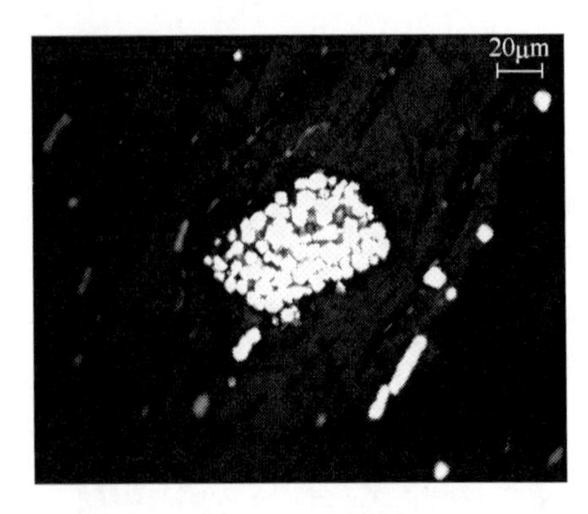

图 6　黄铁矿，油浸，反射光，LP-2

图 7　方解石，油浸，反射光，DHB

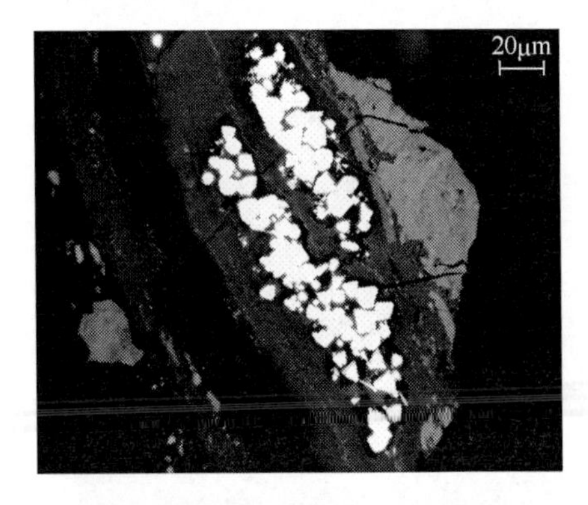

图 8　黄铁矿，油浸，反射光，LP-6

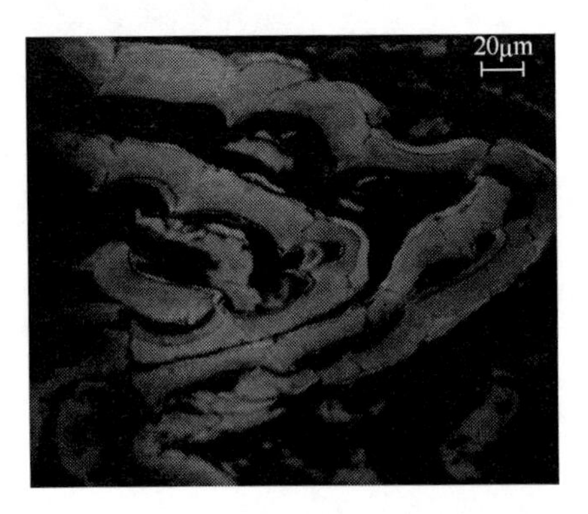

图 9　树皮体，蓝光，LP-5

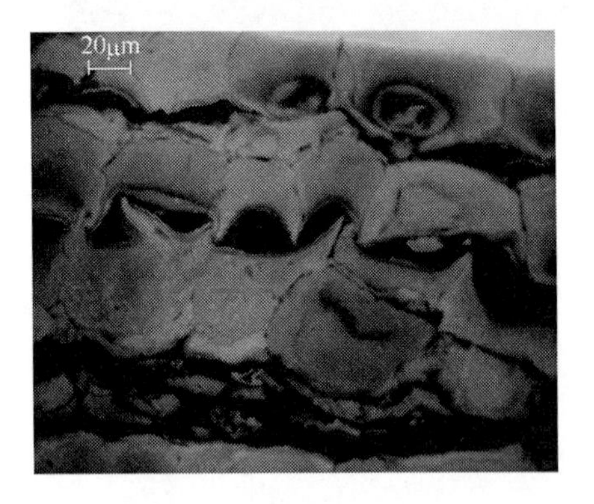

图 10　树皮体，蓝光，LP-4

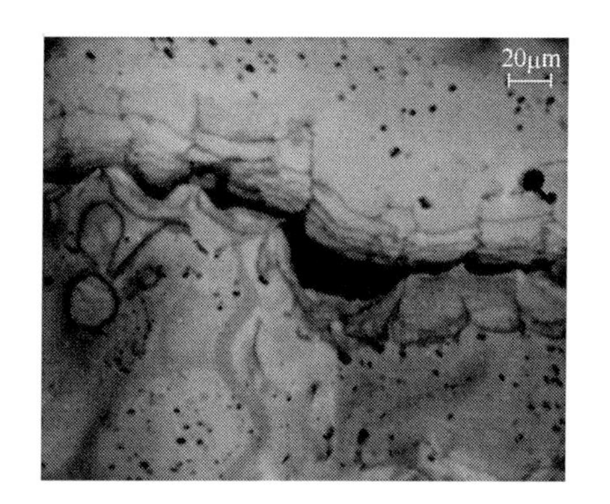

图 11　树皮体，蓝光，LP-2

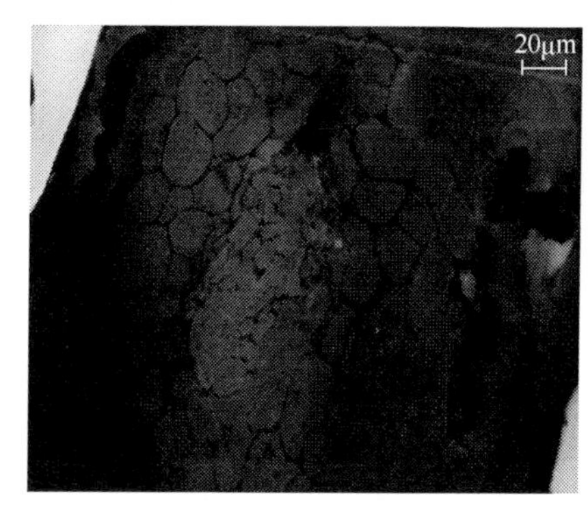

图 12　树皮体，蓝光，CG-3

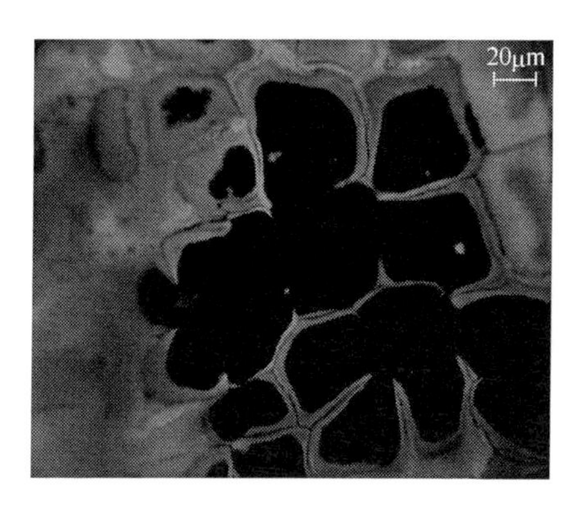

图 13　树皮体，蓝光，LP-6

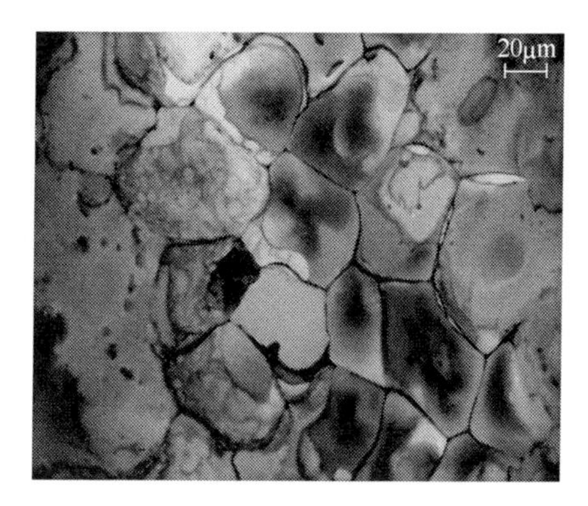

图 14　树皮体，蓝光，LP-7

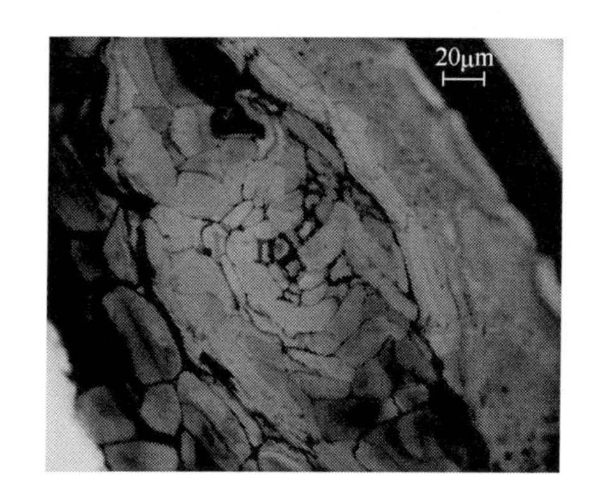

图 15　树皮体，蓝光，LP-5

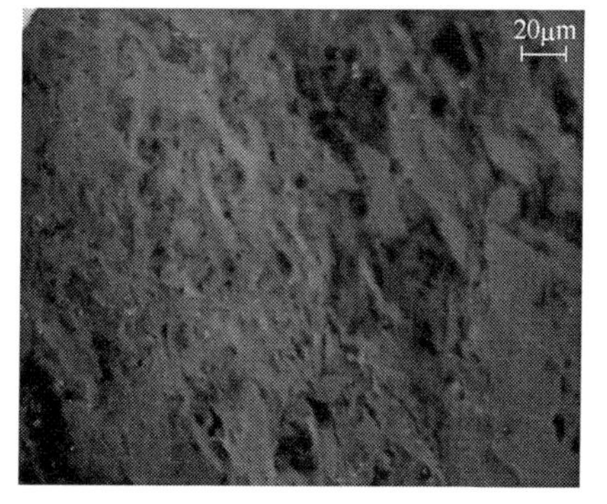

图 16　树皮体，蓝光，CG-4

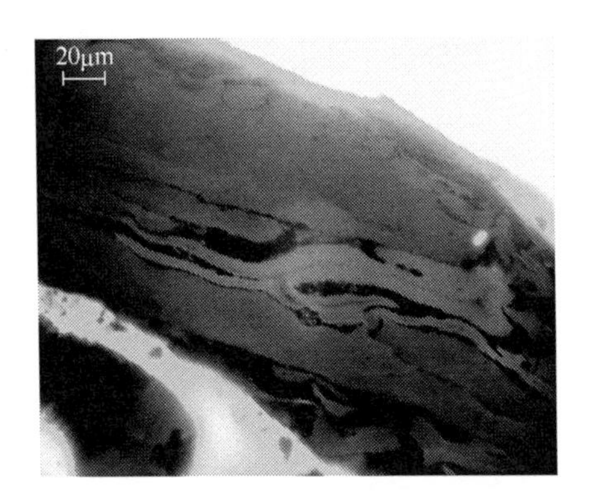

图 17　孢子体,树皮体,油浸,蓝光, CG-7

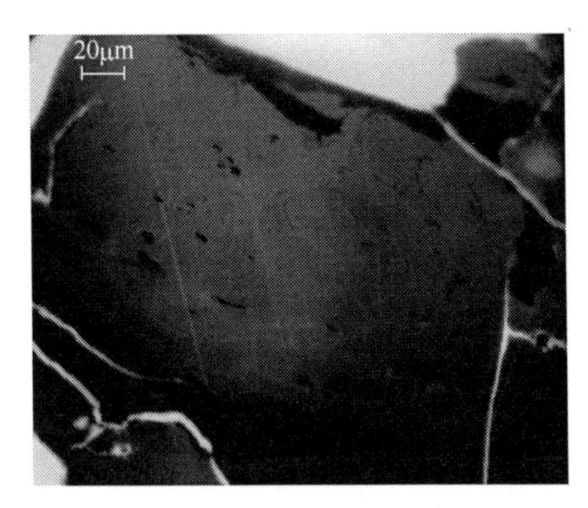

图 18　树皮体,蓝光, CG-2

图 19　孢子体,蓝光, LP-2

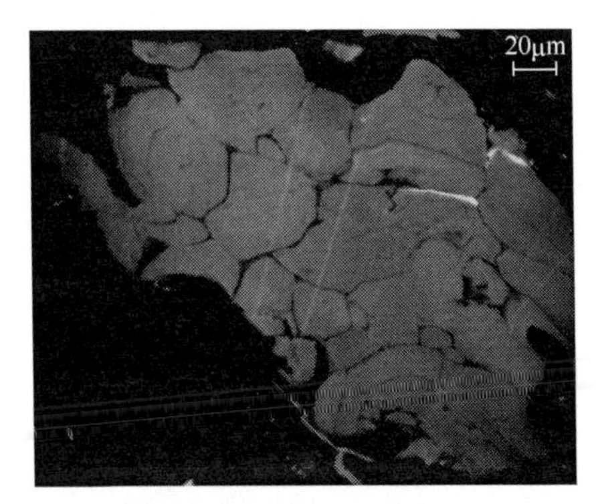

图 20　树皮体,蓝光, CG-2

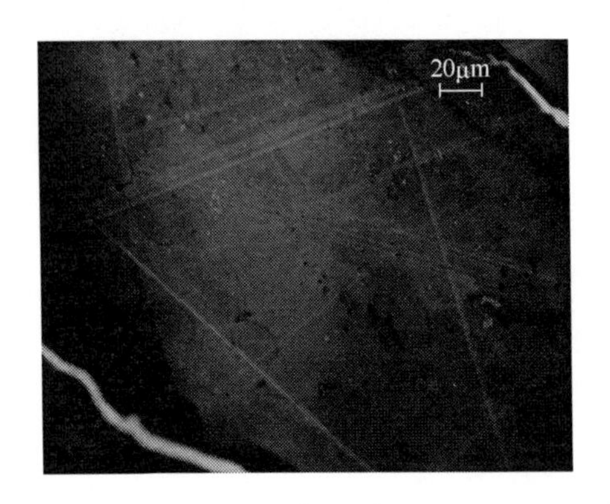

图 21　树皮体,蓝光, CG-2

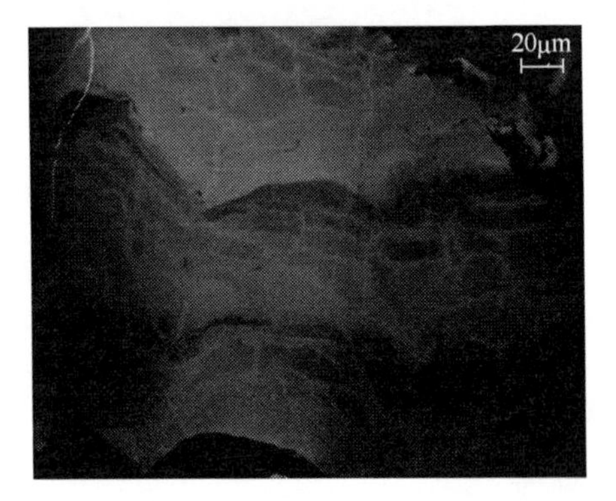

图 22　树皮体,蓝光, CG-2

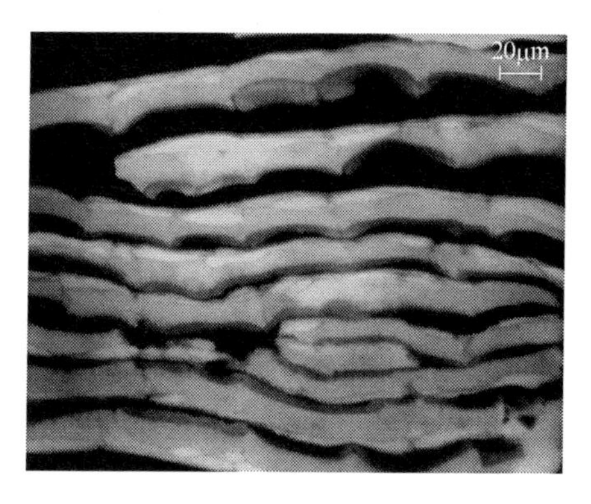

图 23　树皮体，蓝光，DHB

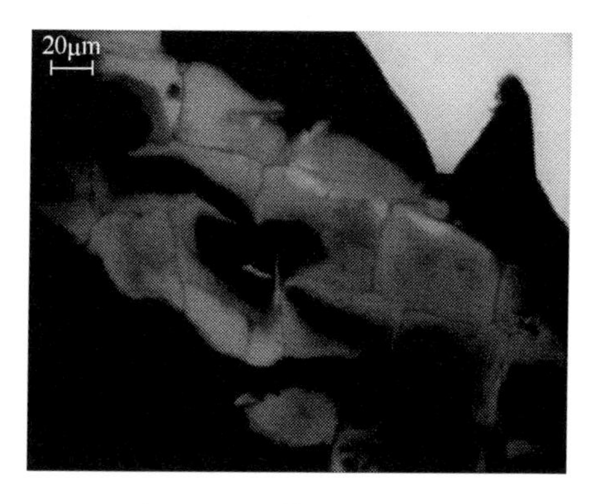

图 24　树皮体，蓝光，DHB

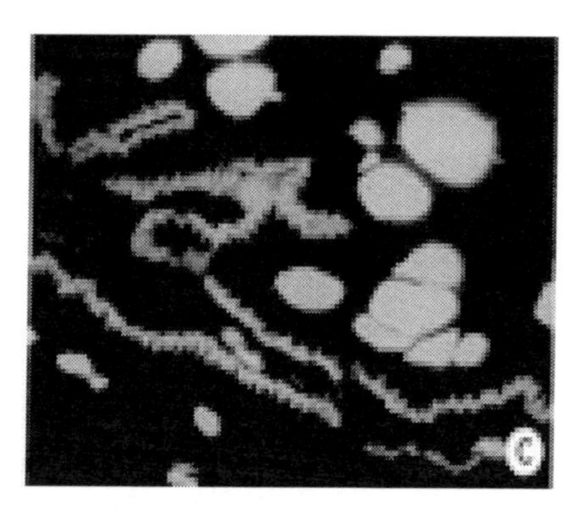

图 25　荧光体，发亮黄色荧光，与角质体共生；蓝光，270×，云南昌宁（杨永宽等（1996））

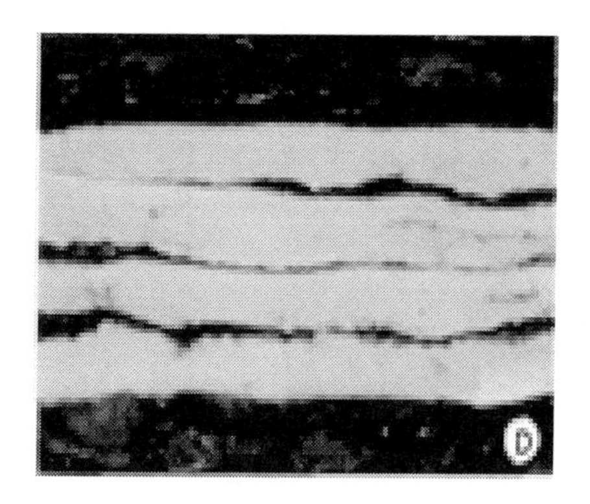

图 26　厚壁角质体，蓝光，270×，山西大同白洞（杨永宽等（1996））

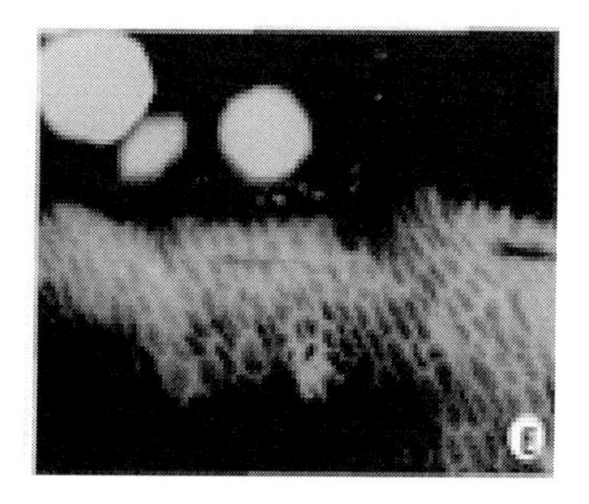

图27　荧光体，角质体（水平切面），蓝光，225×，云南开远小龙潭（杨永宽等（1996））

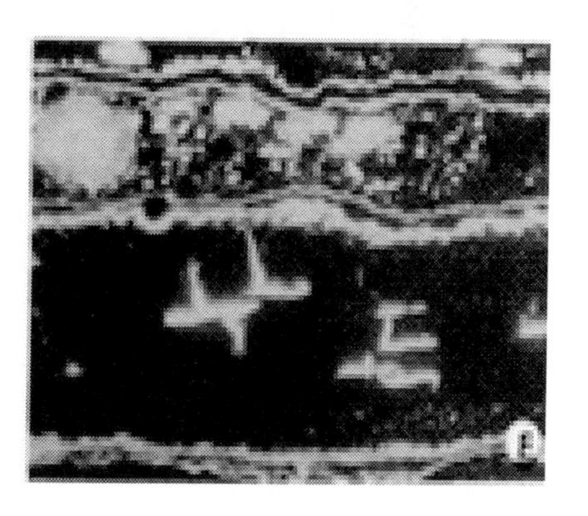

图 28　荧光体（上部细粒），树脂体，渗出沥青体，被角质体包围，广西百色（杨永宽等（1996））

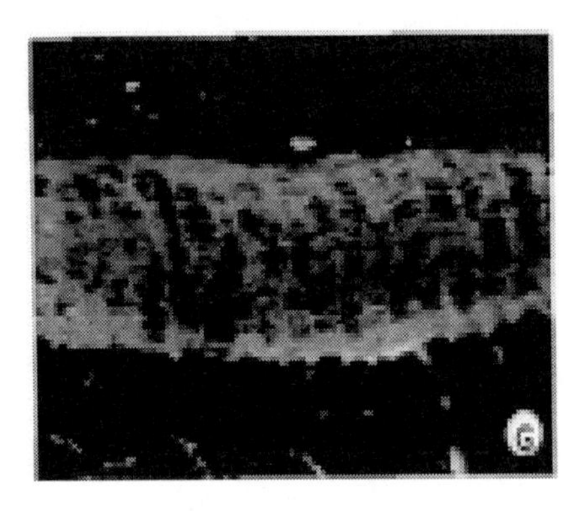

图 29　木栓质体，细胞腔中空，发黄绿色荧光，蓝光，山东肥城(杨永宽等(1996))

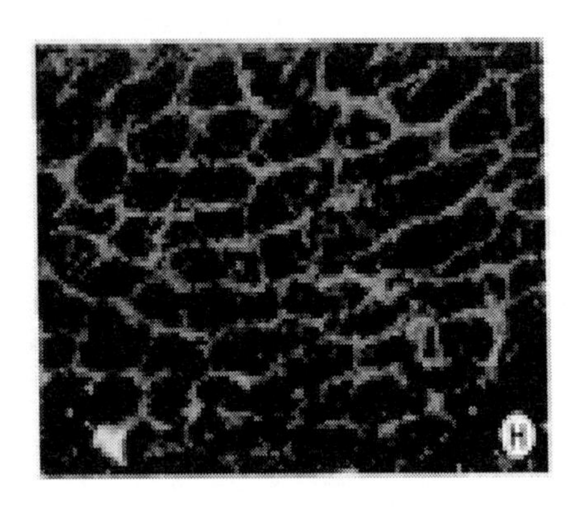

图 30　木栓质体，网状，蓝光，340×，台湾基隆瑞和煤矿（杨永宽等(1996))

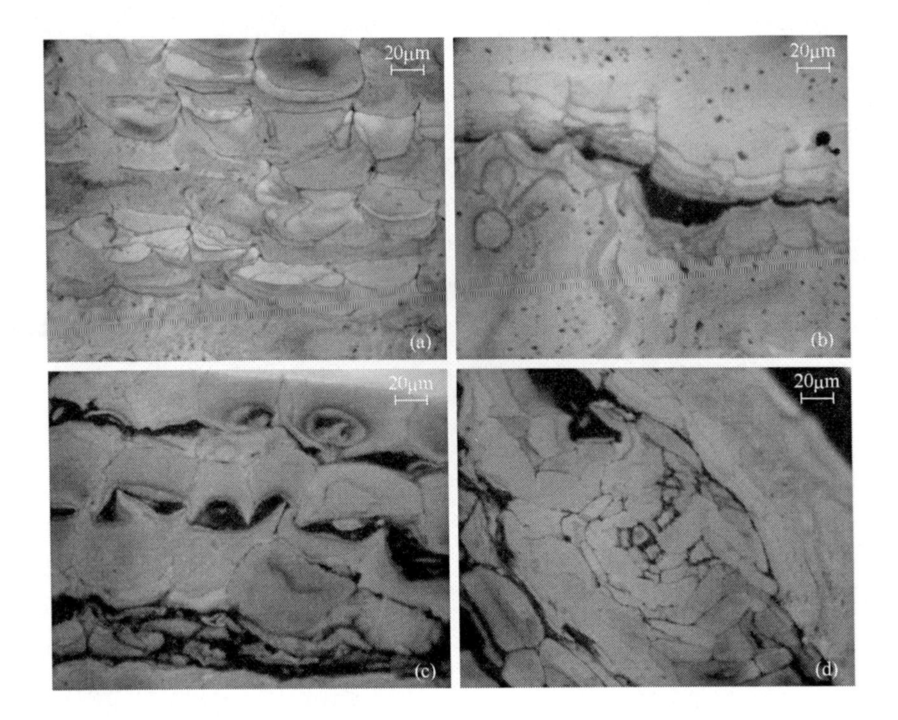

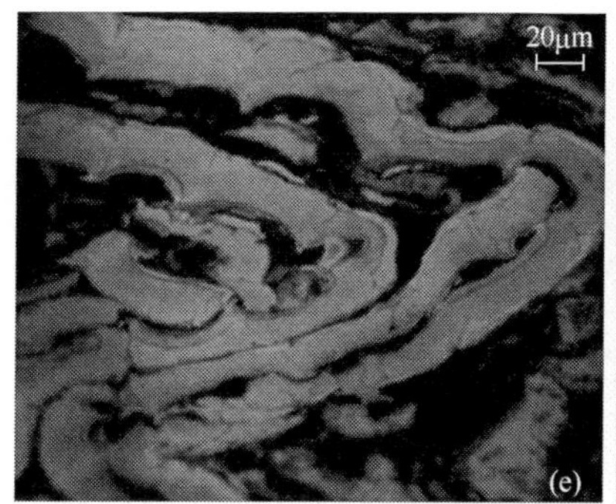

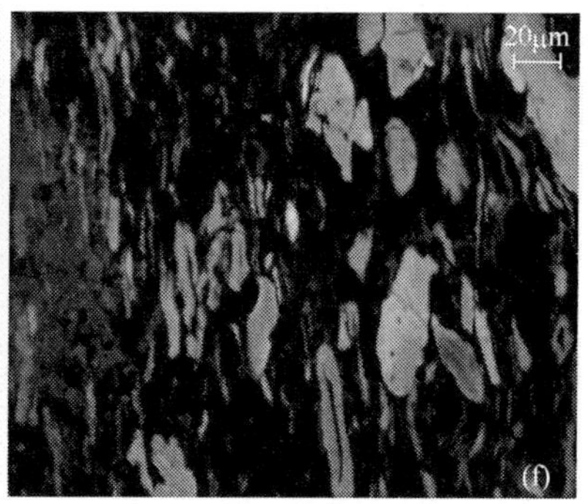

图 31　鸣山矿区树皮体形态：宽厚型树皮体(a)和(b)；条带型树皮体(c)；环形树皮体(d)；弯曲型树皮体(e)；碎屑型树皮体(f)

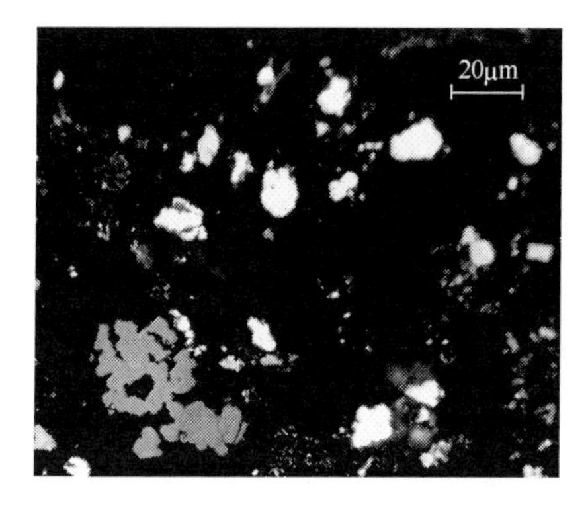

图 32　镜塑体，油浸，反射光，LP，残渣

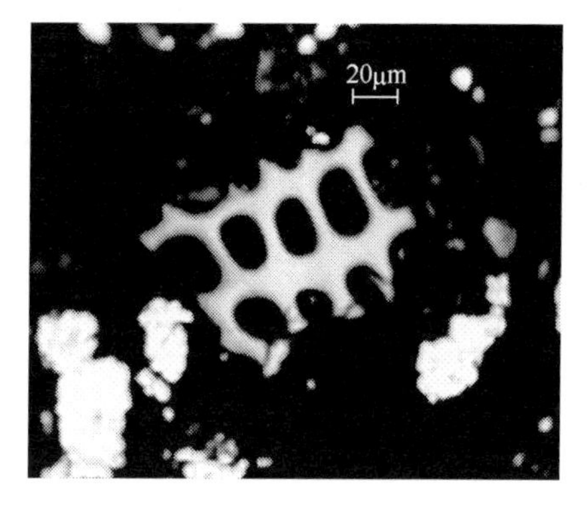

图 33　未变化的丝质体，油浸，反射光，DHB，残渣

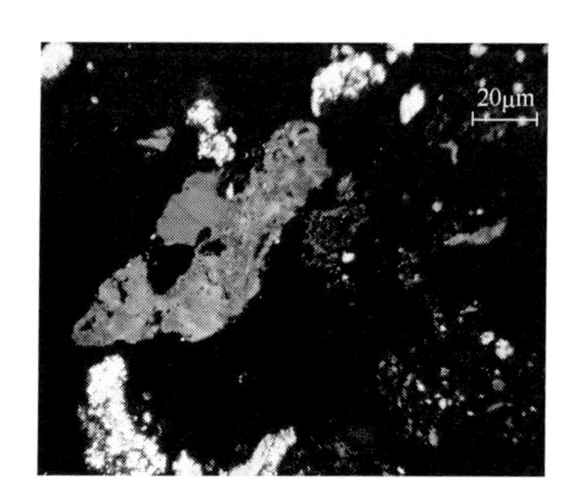

图 34　各向异性体，油浸，反射光，LP，残渣

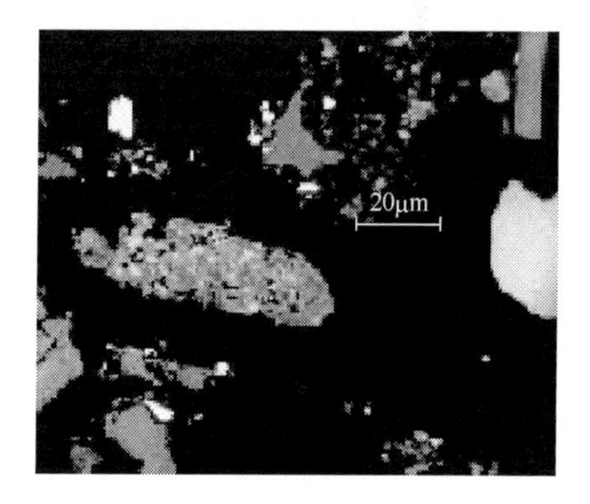

图 35　各向异性体，油浸，反射光，DHB，残渣

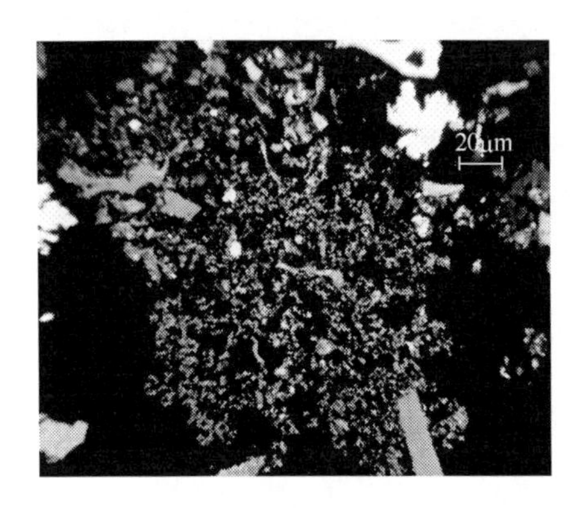

图 36　各向异性体，油浸，反射光，DHB，残渣

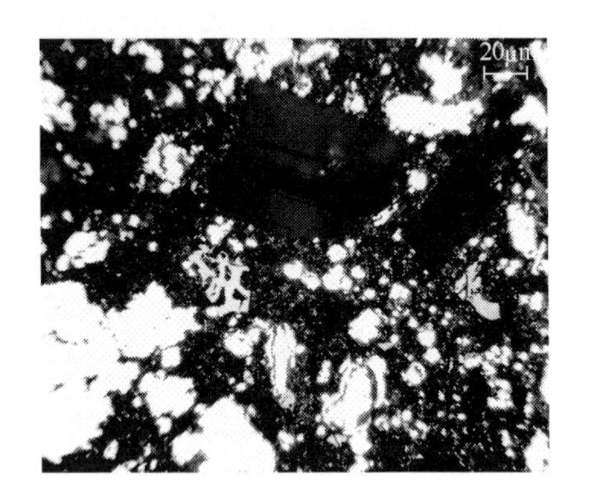

图 37　方解石，黄铁矿，油浸，反射光，CG，残渣

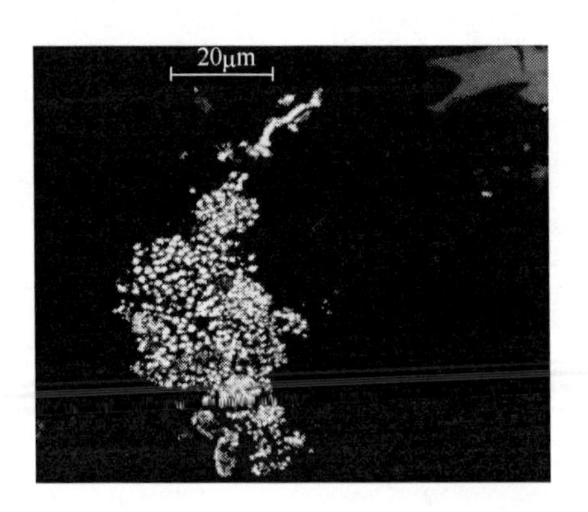

图 38　黄铁矿，油浸，反射光，DHB，残渣